我們的孩子可以比AI更聰明嗎？

費以民博士 著

青森文化

HOT?

推薦序 1

"Top Gun: Marverick"（Top Gun 續集），飾演 Iceman 的 Val Kilmer，年前因喉癌失去聲音，電影公司決定用 AI 技術，把他獨特磁性的聲音，重現銀幕，就連他本人都說，比真實還要真實。在日本，照顧老人的不再是他們的子女，而是一部機械人，在中國內地，年輕人談心的對象也不是一個人，卻是一個手機程式，他們把今天午餐的圖片轉送，對方會回覆說好美味啊，又或關心的叫他們小心膽固醇，就像朋友一樣。AI，已成為我們生活的一部分。

十多年前，當我看李安導演的 "Life of Pi"，知道片中的老虎，完全用 computer generated（電腦成像）而成時，我說新的時代來臨了，到了現在，我依然會說新的時代來臨了，只是不再是興奮，而是恐懼。暢銷書 "Sapiens: A Brief History of Humankind" 和 "Homo Deus: A Brief History of Tomorrow" 作者 Yuval Noah Harari，書中預言說，地球未來的危機不是能源、恐怖主義或地球暖化，而是人類本身的存亡，人類可能給 AI 淘汰，人類將會面臨滅絕。

在二零一七年，科學家 Peter Scott-Morgan 得了罕有的 motor neurone disease，他身體各器官迅速喪失機能，於是他把自己的身體當做實驗，將衰敗的器官一一由機械代替，成了一個 Cyborg（半機械人），器官機械壞了，就換上另一部，他更打算將來設計一個貌似他本人的 AI 機械人，四出行動，他安在家中，遙遠控制的。歷代帝皇追求的長生不老，在到了廿一世紀今天他的身上，竟終實現，靠的不是靈丹妙藥，而是 AI，人工智能。

那麼，AI是靠人類生存，還是人類靠AI生存？

當我知道我哥哥要寫一本有關 AI 跟人腦競賽的書，我十分興奮，因為我們不禁去想，還有甚麼人類做到，而 AI 做不到的呢？如果沒有，那麼人類還有「資格」存在下去嗎？

《我們的孩子可以比 AI 更聰明嗎？》一書卻有答案，而且答案是肯定的，只要我們以一個全新思維，去培育我們的下一代。書中指出，家長還忙於為子女安排不同的課外活動、補習班時，卻忽略了更重要的課題，就是思維的訓練。科技日益千里，子女學成某種技能後，那種技能可能已經過時，他們感到被遺棄、淘汰、忘記，他們可能連一份體面的工作也找不到，一生，將會暗淡無光。孩子的分析、評估和創造力（analyse, evaluate, create），才是致勝的關鍵，家長在安排子女的生活、學習、活動時，要作一個全方位的調整，在這個 AI 世代，子女還可佔一席位的。

這不是危言聳聽，現今世界各地，包括香港的年輕人，都感到絕望，重重的無力感，感到無論多努力，都是徒然，原因正是這個，他們覺得「被脫節」了。

一部電影觀眾覺得好看，不會因為那頭老虎用電腦成像做得多麼逼真，而是導演拍那個故事拍得有多動人，人類比 AI 優勝，也在於此。

林愛華
著名導演

推薦序 2

自問自己是一名比較 old school 的人，對科技有點抗拒，尤其是 AI 和大數據。但是，再抗拒也只能夠慢慢接受，因為科技的發展的確迫着我們去進步。就如這場世紀疫症中，靠着科技的幫助下，筆者十七歲的時候在書本見到的狂想曲，在家上課和在家辦公竟然變成了事實。

水能載舟，也能覆舟，科技亦然。五年前，筆者曾聽過一位任眼科醫生的朋友說：「我們這行也是夕陽行業。」我當然不解。他續說：「其實外科醫生只不過是切切割割的手藝工，醫生的手藝再好也不及機械人的手穩定。」

然後，他笑指，筆者那行最穩定，因為機械人做不了心理治療，人也不喜歡向着機器傾訴。然後不到兩年，在日本已經推出了能夠和小孩子聊天的 AI 機械人了，最近 AI 機械人的功能更已經普及到能夠處理客戶服務的程度了。

曾經，一場人類智能與人工智能的圍棋對決，敲響了人類開始懼怕自己將會不敵人工智能的警號。然而，人類是否必須如電影中《2001太空漫遊》及《未來戰士》般，必須與人工智能對決呢？

費以民博士所著的《我們的孩子可以比AI更聰明嗎？》，書名用上的問句只不過是一道偽命題。此書的內容所帶出的真正意義是，如何指導孩子，訓練自己去迎接一個創意無限的將來。畢竟，逆水行舟，不進則退。人創造AI的目的正是為了追求創新和進步。

張潤衡
資深生命教育工作者

推薦序 3

費以民博士是我認識的少數能夠將學術研究與日常生活中結合的人。本書綜合他多年豐富的管理經驗，對學術理論的精闢見解，成功地把高階思維的三個要素轉化為現代的管理思維工具。

人工智能（AI）是當今無人能忽視的話題，不管是電影、電視和新聞都充滿了AI的討論和猜想，但究竟它與我們的新一代有什麼關係？這本書給我們答案，幫助年青人找到在未來人工智能世界中的位置。

對於家長們，本書以深入淺出的例子、練習和工具，讓您懂得如何教導您的孩子更聰明地思考。

我真誠地向您推薦這本書，特別是對於父母、及將畢業的同學們，他們很快便進入社會及尋找工作，怎樣和AI競爭或共存，將會是一項最大的挑戰，就在這書尋找答案吧！

區永東
香港中文大學心理學系副教授

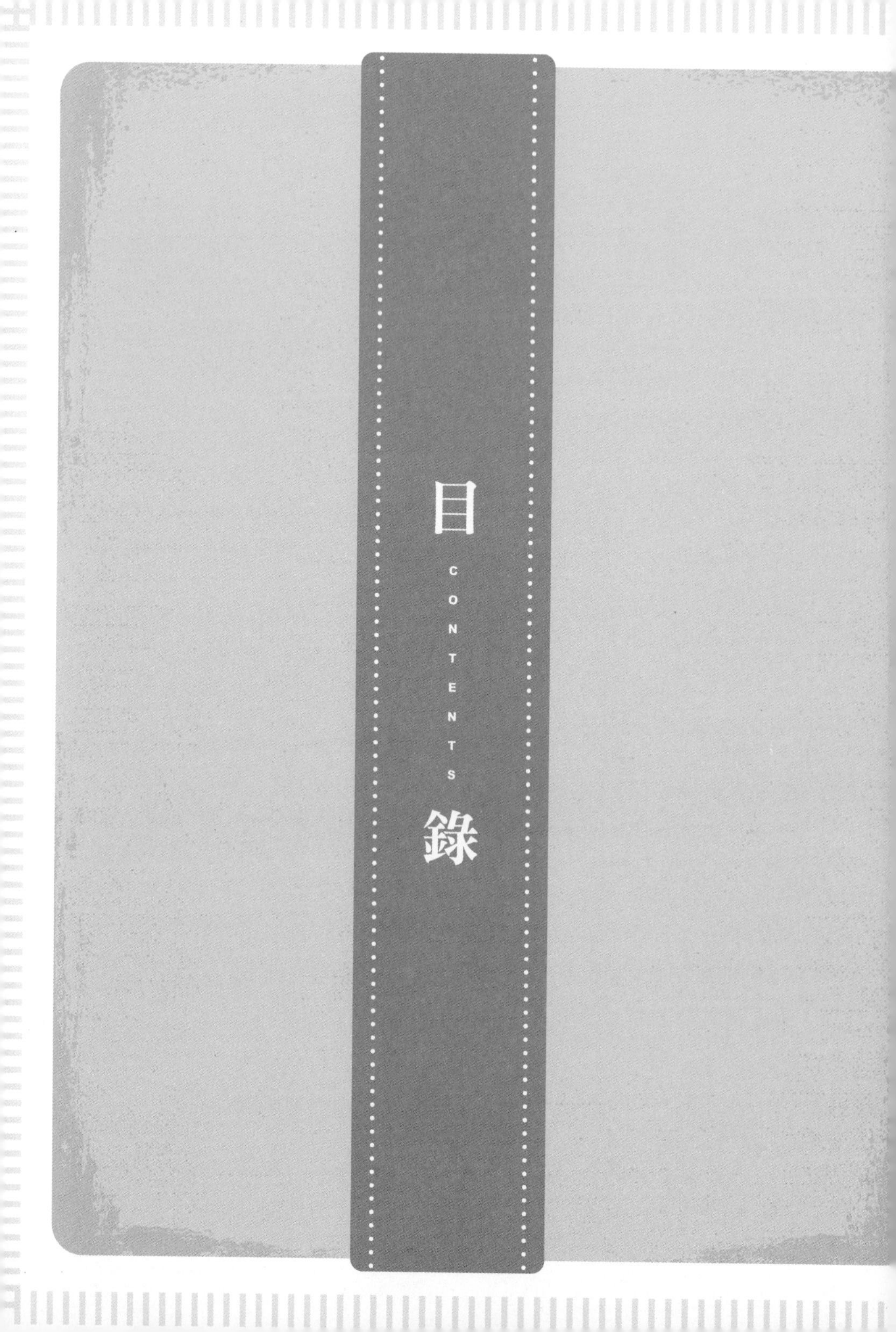

目錄

CONTENTS

前言

作為父母，您會明白兒女是憂慮的來源，正所謂「養兒一百，長憂九九」。如果孩子還在求學階段，您不能不擔心他們的未來。

讓我們看看這些調查數據。根據《哈佛商業評論》進行的一項研究，三分之二的大學畢業生在畢業後可能仍然很難找到工作。如果這還不夠糟，普華永道（PricewaterhouseCoopers）的報告說，在未來十五年內，美國38%的職業被機械人和人工智能（AI）取代的風險會很高。

作為一個父母，我相信當您聽到這些時，會像我一樣的焦慮。所以，問題是：作為父母，能做什麼為我們的孩子作好準備？在將來AI主導的數字化世界裏，如何確保孩子畢業後能找到一份體面的工作？

您們當中許多人可能會說，不是學校會為我們的孩子做好準備嗎？不幸的是，事實並非如此，目前的教育制度既不具有前瞻性，也沒有全面探索未來所需技能的課堂。那麼，我們究竟缺少什麼呢？

答案是：是思考，不是技能。

孩子的技能培訓從來不缺乏。在今天，幾乎所有的家長都會在課餘時間帶孩子們參加技能培訓的課程：快速運算、記憶力提升、溝通技巧、社交技巧……一大堆的這些那些。但如何提高他們的思考力：變得更有創意，更具挑戰性呢？

也許您們有些人還沒有聽說過高階思維"HOT"。這是一種思考能力訓練，而不是技能訓練。它從根本上改變孩子的思維能力：思考比別人更好，更快，更有創意，和更具挑戰性。

HOT由三個部分組成：分析力、評估力和創造力（Analyse, Evaluate, Create）。但要訓練好這三個思維能力，還需要其他思維能力協助，包括信息合成力、挑戰性思維、邏輯思維、創造思維和決策力。

在美國，已經有一些學校將自己命名為"HOT學校"，他們利用HOT元素來激發孩子的思維能力。更高階的思維能力被認定為廿一世紀必須擁有的生存工具！

從這本書中，您會明白HOT是如何可以提高您孩子的思考能力。

如果您作為父母現在不採取行動，那就太遲了。在未來 AI 主導的數字化世界，我們都不想看到孩子受苦：對上課完全失去興趣，畢業後又找不到合意的工作，或者無法在職場上競爭，缺乏能力晉升……最糟糕的是看到他們對自己失去信心！

現在就行動，讀好這本書，為孩子的將來做好準備！

L E S S O N
第 1 課
L E S S O N

新時代的來臨：
和電腦競爭，也要和人腦競爭

「當您和別人競爭時，別人未必願意幫助您。但當您和自己競爭時，別人便不介意幫助您。」

——賽門・西奈克 (Simon Sinek)

每當我媽媽的電腦發生問題時，總會叫我幫她修理。每當我試圖告訴她我不是電腦專家，不懂得如何修理電腦時，她總是堅持要我幫忙，經過一番抱怨之後，我做了幾次互聯網（Internet）搜索後，找到相關的影帶和一些提示後，媽媽的電腦問題最終順利地解決了。

儘管我沒有修理電腦的任何知識，但通過互聯網，就可以有效地**把自己和其他人的知識聯繫起來，轉化成一種技能**。

如今，一個普通的智能手機比五十年前的一個大型電腦擁有更多的功能，而互聯網上的知識則多如星宿，這意味什麼呢？它標誌著**人類保留知識的能力正迅速被電腦和智能產品所取代**，那麼，五年十年後，我們孩子還剩下甚麼的競爭優勢？今天的教育又能帶給我們孩子甚麼的競爭力？

新時代的來臨

而這一切來自“工業 4.0”（I 4.0）。什麼是 I 4.0 呢？I 4.0 其實是德國政府在二零一一年在漢諾威工業博覽會（Hanover Fair）提出的一個龐大計劃，旨在為德國工業的未來工業做好準備，使自動化（Automation）變得更快、更高效率、更靈活。I 4.0 是一個整體的信念，包括自動化機器（Automated Machines，其中包括 Robots 機械人和 Robotic 機器人技術）、網絡物理系統（Cyber-Physical Systems）、物聯網（Internet of Things, IoT）、大數據（Big Data）、雲計算（Cloud Computing）及人工智能（Artificial Intelligence, AI）等技術。

在 I 4.0 提出的眾多科技裡，AI 是最常被人談論、最引起關注的。其主要原因是很多人相信 **AI 將會取代人類大部分的工作**。

其實，就在今天，AI 已經入侵並取代了許多的工作，例如一些銀行、投資和股票公司的分析師工作。德意志銀行（Deutsche Bank）首席執行官預測其 97,000 名員工中，有一半最終會被 AI 所取代；一項相關的調查顯示，法律部門 39% 的工作崗位將在未來十年內完全 AI 自動化；另外一項研究表示，會計師未來有 95% 的機會失去工作，而其他行業的「知識工作者」（Knowledge Workers）也無法逃脫這個大趨勢。

§ 更多的例子

- 次貸危機爆發以來,40% 的抵押貸款銀行已經部署了 AI 系統,使用該系統自動處理涉及到繁重文檔處理的申請流程、欺詐檢測、並預測借款人違約的可能性。例如,總部位於舊金山的 Blend 公司為貸款巨頭 Wells Fargo 的貸款銀行提供在線抵押貸款申請的軟件,這使審批流程至少縮短了一周。也由於機器能夠更快地發出警告信號,Blend 的聯合創始人兼首席執行官 Nima Ghamsari 說:「與數據相關的錯誤決策可以立刻被發現並且得以改正。」儘管銀行還沒有完全依靠 AI 來做出審批決策,但是貸款的主管們已經察覺到了 AI 處理流程的好處。

- 在金融領域,過去十年收集的數據數量激增,那些二十多歲的分析師,即使日以繼夜工作都無力處理所有數據,但 AI 可以做到。彭博社(Bloomberg)、FactSet 和 Thomson Reuters 都開發了一系列數據科學工具和技術 —— 包括機器學習、深度學習和自然語言處理(NLP)—— 迅速為數以千計的金融專業人士挖掘出有價值的知識。而理財公司正競相發掘包含在網站剪貼、語言分析、信用卡購買和衛星數據中的交易信號的潛力,將 AI 用於投資研究的公司包括 BlackRock、Fidelity、nvesco、Schroders 和 T. Rowe Price 等等。也許 AI 最終能創造出一個人造的「沃倫巴菲特」!

- 在醫療領域,AI 的應用比如讀取放射掃描(如 Imagen),識別腫瘤並跟蹤癌症擴散(Arterys),根據視網膜成像檢測眼部狀況(谷歌 Google 的 DeepMind),通過「不流血的血液測試」標記危險的異常鉀水平（Mayo Clinic Ventures 和 AliveCor），以及其他幫助解決診斷棘手之處的應用，包括預測疾病。歷史數據表明，醫生的誤診率在 5% 到 20%，在某些情況下，這個數字更高，主要原因還是在於醫生短缺和過度勞累，醫療保健系統資源緊張，反之，AI 的誤診率可以比醫生更低，並在將來變得比醫生更「專業」呢！

- 人力資源部門正向 AI 尋求幫助，對可能的人員流失的風險、高績效員工的特質、以及團隊運作的動力做出判斷，甚至評估員工行為的意圖，並從中得出結論。總部位於波士頓的 Humanyze 公司正在嘗試使用一種智能身份證，用於員工的互動情況，以使僱主知道工作實際上是如何完成的。英特爾（Intel）正在考慮利用 AI 來推動一種新的內部工具，將員工與公司內部的其他機會相匹配，以留住人才。這些新功能可以幫助公司吸引和留住他們所需的人才，並減少員工入職和招聘成本。

IBM 估計，85% 的客戶服務工作將不再交由人工處理，自助服務界面能完成絕大多數人類客戶代表的工作。依賴這項技術的公司表示，這些技術可以幫助消除人為錯誤，大幅提高數據檢索的速度，並消除人類在服務工作可能會出現的偏見。

而**自動化和機械人**（Automation and Robots）更不在話下，它們將繼續取代它們可取代的工作，不僅是在工廠和倉庫（如全自動汽車製造廠和智能倉庫等等），還有在超市、零售商店、酒店和商場（如禮賓機器人，以及用於清潔、酒店服務、保安等等）。

對於製造業來說，被機械人取代的情況可能會加快。在一些國家，「機械人砌磚機」（Robotic Bricklayers）已經出現，取代了砌磚工人的工作。原因很簡單，這些 AI 機械人可以做得更快、更準和更長時間，長遠來說也會更便宜。美國國家標準協會（American National Standards Institute）預測，AI 機械人可以提高生產能力 20%，原材料浪費減少至少 4%。

根據牛津大學（Oxford University）的一項研究，因為 AI 和機械人的普及，發達國家預計在未來二十五年內失業率可高達 47%。此外，皮尤研究中心（Pew Research Center）的一項研究表示，「機械人和 AI 將在二零二五年**滲透到日常生活的每一個方面**，對醫療保健、運輸和物流、客戶服務和家庭維護等一系列行業產生巨大影響。」

漸漸地，以往那些被認為只有人類能夠做的職位，將被機械人和 AI 所取代。在美國，有些人預計，可能只是五至十年的時間，當大學生畢業時，會發現他們一半的工作已經給機械人和 AI 取代了！相信世界各地也會發生同樣的情況。

◆ 高危的行業

台灣 yes123 求職網於二零二一年公布「疫情年企業接班與轉型計畫調查」顯示，高達 87% 的勞工擔憂在退休前，工作會被機器人或人工智慧取代。

以十年後來看，在機器人自動化與人工智慧的職場中，預估「勞力型」工作消失機率較高的前五名，分別為「產線作業員」（50.6%）、「售票員」（49.4%）、「加油站人員」（47.9%）、「量販店／超商店員」（33.1%）、「客服人員」（31.6%）。至於第 6 到 10 名依序是「飯店櫃檯人員」（30.6%）、「餐廳服務生」（28.9%）、「清潔工」（28%）、「保安人員」（26.4%）、「門市銷售員」（25.5%）。

還有三成六 (36%) 的公司「有考慮」以「自動化」或「人工智慧」方式，進行生產或提供服務，比例高於去年的 32.2%，創下四年新高！

在硬體端，出現機器人的自動化（RPA, Robotic Process Automation）的全天候生產；再到軟體端，有人工智慧 AI（Artificial Intelligence）的高速運算。預估在十年後，企業平均工作機會，比目前大約會消失 24.8%，也就是「四分之一」的整體人力可能被取代。

現在學習的技能還有用嗎？

機械人和 AI 的出現指明一個事實：**現在所學習的技能將失去其價值**。

我們不能再依賴舊有技術和知識了，因為無論是技術或是知識，都可以很容易地被機械人和 AI 取代，甚至在一夜之間。

「金融科技」（FinTech）是近年很流行的名詞，它的基礎是透過大數據分析來建立投資策略。二零零八年的金融海嘯後，眾多金融機構已經利用 AI 收集、整理及分析大量的金融和市場數據，找出關係並建立投資模型，甚至把粒子物理學和生物學理論應用到投資上，成功地改善業績。在美國，納斯達克交易所（NASDAQ）早在一九七一年已經成為一間「無人」、全電子化的交易所，多年前已把 AI 科技和金融結合。納斯達克指數服務亞太區行近年投資數億美元在 AI，收購多間初創公司，建立了一個分析平台（Analytics Hub），供對沖基金和投資銀行等機構訂閱使用。其中一個 AI 建議的分析投資策略，經過十二年的實證，據說大幅跑贏標普 500 指數十倍呢！

新技術的時代（The Age of New Technologies）已經在迅速改變我們的社會，延伸到各個行業和生活的層面上。例如 Netflix 使用機器學習（Machine Learning）分析人們觀看的習慣，為用戶創造愉快的視頻預覽體驗，選擇最合適的電影類型和最喜愛的角色；而編劇、製片人和導演可利用虛擬現實（Virtual Reality）技術模擬不同的故事情節，大量減少了製片和拍攝的時間和精力；一些國家的警方使用 AI 面部識別來識別罪犯，配合 CCTV，當街搶劫不會被警方抓獲幾乎是不可能的；氣候科學家利用大數據計算（Big Data Analytics）來預測全球的氣候變化，及全球變暖導致海平面上升的程度等等；自動駕駛汽車已經成為現實，使用 AI 取代駕駛者以降低汽車失事率；在物流業，自動駕駛飛行器已經被採用，貨物可以在更短的時間內送到偏遠的顧客。無數 AI 應用的例子，幾乎每天都能聽到。

不幸的是，**現在的教育大多還是著重知識的背誦，思維能力的訓練少之又少**。另一方面，現今的人大多數已不喜歡思考了！因為工作或上學已經令人太累了，生活已是這麼艱難，令人筋疲力盡，還有什麼精神去思考呢？可能是這個原因，Instagram 和 Facebook 是這麼受歡迎，因為看看圖片便可以溝通了。至於我們的孩子，他們可能會再添加多一個理由：**學校從來不鼓勵思考**，考試時候只要把上課的東西背出來便可以了。課堂上最好不要發問，因老師會說妨礙學習進度，不然會受到懲罰呢！更不用說思考訓練了。

今天，越來越多人不滿意現在的教育模式，這是為甚麼呢？因為我們的教育已經脫離了未來社會的需要。現今的教育並不鼓勵思考，只強調記憶，只重視考試，追求標準答案，扼殺學生獨立思考的能力。一些相對更複雜的思維能力，如找出對方觀點的弱點（批判性思維），如何表達自己以說服別人（影響力），如何講一個動聽的故事（創造力），如何將零碎的信息轉化為有意義的結構（綜合力）等等，這些學校沒有教導，在學校以外也很難找到相關訓練。

我們看看一個例子：以色列。以色列沒有豐富的資源，2/3的土地是沙漠，周邊鄰國不友善，必須隨時保持備戰狀態，像這樣的國家，靠什麼維生？答案只有一個，那就是「腦袋」。有人開玩笑說，十個猶太人，有十一種意見。簡單像家人吃晚飯，可以變成一場辯論大賽，大家總是熱烈地討論某個話題，幾乎每個成員都有自己的看法，也質疑著對方的言論。

如果我們仍然把教育的重點放在「知識與技能」（Knowledge and Skills）上，必然是失敗的，因為知識與技能日新月異，它發展速度如火箭的一樣飛快，我們怎可能追得上呢？這麼來說，教育還可以做什麼呢？我們還可以教導學生什麼呢？現在非常流行的科目 STEM，就是希望把科學、科技、工程、數學（Science、Technology、Engineering、Mathematics）結合，訓練學生的科技常識和思考力，應付未來社會的需要，但是，這個還是不足夠的。

因為知識與技能的無限發展和無法預知，已經不可能在學校的階段，教導一些足以終生掌握的知識與技能，所以，要為未來作準備，我們需要訓練一些「萬能」的東西，一些更深層的實力與基礎，面對一個無窮變幻的未來時，也可以應用到。就好像我們常常聽到的一個例子，就是如果想解決一個人飢餓的問題，您不能每天都給他一條魚，您必須要教曉他怎樣釣魚，問題才可以長遠地解決（這個當然是假設河海裏永遠有魚！）。思考能力也是一樣，人所學習的知識和技能終有一天變為過去，**但思考能力卻可以幫助您解決不同的問題，一生受用**。

如果您在以色列 CEVA 研發中心工作，參加會議時您必須提出自己的想法，因為他們認為，人怎麼可能沒有意見呢？只有笨蛋才會沒有意見吧！讓每個人有主見，就是以色列教育的特色之一。不只重視讀書寫字，更重視「思辨能力」。猶太人的教育是鼓勵思考與問問題。無論家庭和學校，都是這樣教導小朋友。

正如文碩炫[1]在《未來所需要的孩子》一書所指出，當您親愛寶貝的孩子日漸長大，他即將面對的現實是如此殘酷，在科技取代人力的全新時代，您是否還有信心指引孩子生存之道？在這個「一人抵百人」的時代，秘書與業務助理等職位已逐漸消失，從前這些需要人力來完成的工作，現在只需要簡單的 IT 工具就可以代替；過去在生意場合上收到的名片，還需要秘書或助理以手動的方式做整理，如今只需用手機的相機喀擦一下，名片上的資料便自動傳至手機中；日程管理也可以利用手機中的月曆 APP，自動提醒您下一個行程。在過去需要人手處理的工作，如今已被 IT 程式所取締，試想想，只是一間小小的公司，也出現了如此的變化，何況是那些大企業呢？

1 韓國科學技術院（KAIST）AI 人工智慧博士、人工智慧研發專家

為「黑天鵝」作好準備

以往談到人類面對的共同危機，例如核戰和氣候危機，起碼在主觀認知上而言，總是較遙遠和離身的。但正如克勞斯・施瓦布（Klaus Schwab）在《第四次工業革命》一書中指出，當下創新科技革命最重要的特徵，是數碼、物質和人類的高度結合。在AI迅速取代技術職位將快成真的時候，我們是否仍依樣畫葫蘆地，訓練職業導向和狹義的「知識與技能」人才？當專業崗位亦將被大規模淘汰之際，我們是否更應看重學生的思考培養？

這不是明天很遠的事情，即使是現在工作的要求已經完全變了。以前工作的要求，是遵從上面領導者設計好的全盤計劃，按照規章和制度，盡自己的責任，完成機構賦予的任務。現在不一樣了，即使前線的成員，需要有機構主管的素質：解難能力、社交能力、勇於創新、敢於承擔，同時需要有堅強的韌力，保持樂觀的態度，維持正向的思維等等。

應對未來的挑戰，**我們的孩子更需要的是思考力，不是記憶力**。不學好思考可能是災難性的，這是新時代的「必需品」。為孩子提供更高的工作機會、更好的晉升前途、更美好的生活，作為父母，您需要採取行動，現在就採取行動。

麥肯錫（McKinsey) 在最近的一份報告中說：「技術自動化最困難的工作是涉及管理和開發人員（僅有9%的自動化潛力）或將專業知識應用於決策、規劃或創造性工作（僅有18%的自動化潛力）。」技術肯定會取代許多工作，**但它不會取代人們的思想、決策和創造性**。

經濟學家詹姆斯・貝森（James Bessen）指出：「問題是人們正在失去工作，而且我們**沒有很好地為他們提供新工作所需的能力和知識**。」正如澳洲的一項研究發現，雖然 ATM 機接管了計票員的許多任務，但它也為他們提供了時間和能力升級機會，出售一系列新金融服務，問題是您有沒有準備好應對新的趨勢。

「Hello，我有什麼可以幫到您？」在日本，機器人 Pepper 已經銷售了一萬多台，這是由法國公司 Softbank Robotics 開發和製造的 AI 機器人。

Source: By Tokumeigakarinoaoshima - Own work, CC0
https://commons.wikimedia.org/w/index.php?curid=34083171

Pepper大約有一個成年人腰部的高度，它有一對大大的黑眼睛，親切的笑容和溫柔的女性聲音，當您遇到她時可以說：「Pepper，擁抱我！」它便會張開雙臂，為您的擁抱做好準備。

Pepper可以應用於許多人類的工作，例如百貨公司的接待員、銷售助理、銀行顧問等等，Pepper也可以作為護理人員。在Schleswig-Holstein的Demenz Dementia中心與IBM起進行的一項目，Pepper將應用於照顧癡呆患者，包括確保患者服用藥物等等的工作。

今天，Pepper將被賦予「一個靈魂」，總部位於不萊梅的Blackout公司將Pepper與AI數據庫連接起來（如IBM的Watson和微軟的Azure），使用雲網絡（Cloud Network）和聰明算法（Clever Algorithms），使Pepper能夠更聰明地回答問題，理解問題的含義來制定更適當的回應，使它能夠應用於更多的位置。

在台灣，因應全球人工智慧浪潮來襲，台灣科技部宣佈二零一八年是台灣 AI 元年，配合行政院「台灣 AI 行動計畫」，為 AI 產業了培育人才，讓學校與新創團隊共同參與，爭取全球 AI 產業市場及商機。其 AIGO（AI New Generation Talent Training Programme）計劃，每年孕育超過 1,500 個產業 AI 人才。

我們經常勸人凡事為「萬一」做好準備，因為「萬一」到底什麼時候發生沒人可以預測，這就是所謂「黑天鵝效應」。「黑天鵝效應」的由來是指在發現澳洲之前，人類認為所有的天鵝都是白色的，直到在澳洲發現了第一隻黑天鵝，人們才知道原來過去的知識有其局限性。

在 AI 時代，我們不能假裝「黑天鵝」不會發生，或者對它的發生毫無準備，相反，我們必須調整思想，學習如何忘掉我們所學的並重新學習（un-learn and re-learn），以便裝備缺乏的能力。過去那些只強調記憶，不鼓勵思考的不良學習習慣，將要徹底改變，舊能力將不足以讓我們在這個新數字世界中生存，必須勇敢地提升我們的思想，**今天「黑天鵝」事件已經發生了，他們將在這個世界上存在很長很長的時間，我們的孩子準備好迎接它了嗎**？

正如歐洲數字單一市場專員和歐洲委員會副主席（European Commissioner for the Digital Single Market and Vice President of the European Commission）安德魯・安西（Andrus Ansip）所說：「我同意 AI 永遠不會完全取代人類——**我們的創造力、橫向和批判性思維**。在大多數情況下，AI 將是（與人類）互補的，並且協助人們完成需要處理大量數據的特定任務。例如，AI 分析 X 射線組以幫助醫生進行診斷。總的來說，AI 不會取代人，而是增強我們的能力。幫助我們變得更聰明！」或者我們應該說，只有我們變得更聰明、更具能力，才能在未來的世界與 AI 共存。

好像一個放射治療師，如果一天疾病的診斷被 AI 所代替，他還能作甚麼呢？如果他只有一些舊的知識和技能，沒有一些所謂「軟能力」（Soft Skills）的東西，例如邏輯思考、批判思維和組織力（如檢查 AI 診斷的數據並作出最後結論）、高效的問題解決和溝通能力等等，他將很易被淘汰。「軟能力」也包括人與人互動的能力，例如：細心傾聽和同理心。這些能力讓我們能在將來的 AI 世界中保持競爭力，及突出我們作為「人」與機器的差異。

終有一天AI會像我們一樣的思考？

今天，AlphaGo新版本AlphaGo Zero[2]的自學能力已非常強大，可以在三天內閱讀數千年人類的象棋知識和比賽數據，也可以在棋盤上**自由的**行走每一步棋子，它的能力已經是世上無敵。DeepMind的德米斯・哈薩比斯（Demis Hassabis）表示，「對我們來說，AlphaGo不僅僅是贏得圍棋遊戲，它也是我們構建這些通用算法（General Algorithms）的重要一步」。另外，AlphaGo的首席研究員大衛・爾瓦（David Silver）表示：「它比以前更強大，因為不使用人類數據或人類專業知識情況下，**它可以自行創造知識**。」

圖片出處：由HermanHiddema at the English Wikipedia, CC BY-SA 3.0, https://commons.wikimedia.org/w/index.php?curid=4666379

那為什麼AI能自行學習，而不需人類的指令呢？原因是它的核心「神經元」（Neurons）。神經元的作用是它可以連接一起形成一個人工神經網絡（Neural Network）。例如電腦行每一步棋子時，神經網絡會像人類腦袋的思考，計算下一步可能移動的位置及其獲勝機會、對整個局勢的影響等等。而在每場比

2 AlphaGo Zero是DeepMind的圍棋軟件AlphaGo的修訂版。AlphaGo團隊於二零一七年十月十九日在Nature雜誌上介紹了AlphaGo Zero。通過自學，AlphaGo Zero僅用四十天就超過了所有舊版本。

賽後，它會**自動更新其神經網絡，不斷自我學習**，在下一場比賽時候變得更強大。

隨著技術的進步以及神經科學（Neuroscience）火箭般速度的發展，我們對理解人類如何思考有新的突破，**使它能模仿人們執行決策任務**。今天，機器學習和相關 AI 的技術令非常複雜的任務成為可能，而且正逐漸應用於各個領域上，替代人類解決種種的問題。

另外，DeepMind 正進一步研究如何使 AI 學習**人類的推理**，像人類大腦將知識相互傳遞，產生新的知識。例如一個已經學會如何駕駛私家汽車的人，知識會在他的大腦不同部分之間傳遞，把駕駛私家車的知識用來駕駛一部輕型貨車。AI 的發展將不斷加快，**能夠真正像人腦一樣的思考**。

機器學習（Machine Learning）是 AI 領域下的一個很重要的分支，它是電腦自動學習和改進的能力，有了這個功能，電腦便能夠自動閱讀數據，並利用數據自行學習。比方說，如何區分貓和狗的分別呢？這個人類看來很簡單的能力，對一個電腦來說是非常複雜的，但機器學習會通過閱讀大量標籤「貓」和「狗」的圖片，從而學習如何區分二者間的分別，就像一個孩子從電視或書籍學習新的知識一樣。通過機器學習，電腦可以自行從數據中讀取、觀察、推斷和模擬結論，最重要的是，機器學習可以令電腦自我不斷進步，而無需任何人為的幫助。

機器學習的應用有一個非常著名的例子，就是一九九七年IBM的深藍（Deep Blue）戰勝了當時著名的國際象棋頂級大師加里・卡斯帕羅夫（Garry Kasparov），而深藍靠的就是機器學習。但當時的《時代》雜誌（Time Magazine）預言說，雖然機器學習是如此強大，但如果要在圍棋（Go Game）上戰勝人類，至少還要等上一百年。但誰知道，僅僅十八年之後，即是在二零一五年，另一個具備有機器學習功能的電腦AlphaGo，在沒有人類的幫助和指令下，竟然擊敗了擁有十八次世界圍棋冠軍的韓國圍棋大師李世乭，震驚世界！

很多人可能仍然沒有意識到這一次電腦戰勝人類是如何的重要，AlphaGo其實是代表機器學習的功能的重大突破，這次勝利意味著AI和機器學習巨大的實力和可能性。

這是為什麼呢？因為當您將圍棋棋子移動所有可能性（Probabilities）加起來，它超過了宇宙中所有原子組合的數目！換句話，如果沒有機器學習，如此大量的可能性根本沒可能在電腦中編序出來，只有真正的電腦自我學習能力才能做到。

儘管這一次機器學習的突破是如何重大，但DeepMind的聯合創始人米斯・哈薩比斯（Demis Hassabis）認為，這個成就與AI在未來如何對社會產生的變化相比，仍然相形見絀。他說：「如果像人工智能這樣的東西不會出現，我將會對這個世界非常悲觀。……我認為未來十年我們將會看到的變化會非常巨大，可以媲美那些諾貝爾獎得獎的突破！」

以前 AI 的功能被描述為「狹窄」，因為它通常只能夠執行單個任務，例如翻譯語言或識別面部。但今天，「強人工智慧」[3]（Strong AI，或叫「通用人工智慧」Artificial General Intelligence, AGI）正突破這個限制，把意識、感性、知識和自覺等人類的特徵互相連結，從每種回饋（feedback）觸發其他迴路（feedback loop）來改進思考結構，做出更複雜和精細的反應。例如在與人類的對話中評估對方是誠實還是說謊、或態度漠然等等，從而對不同的談話態度作出反應。

究竟這些對我們有什麼意義？它將會如何影響我們和我們的下一代？首先，我們不得不承認 **AI 將對人類世界帶來根本性的改變**，無論在社會結構和我們的日常生活上，那麼，對於仍然在學的孩子們和將畢業的年青人，AI 會怎樣影響他們的就業？**他們將如何與 AI 競爭？**

3　強人工智慧（Strong AI）或通用人工智慧（Artificial General Intelligence）是指 AI 具備與人類同等或超越人類的智慧，能表現正常人類所具有的所有智能行為。

「技術奇點」（Singularity）這一術語指當機器技術的發展達到超人智能的程度，屆時 AI 將超越人類的思維，我們傳統的經濟價值將被取代。

在個人層面上，我們必須越來越努力地尋找提升我們就業的機會和實現幸福。技術的增長正迅速通過自動化，AI 和許多其他新發展將取代人的角色。現在很多人開始意識到，我們的教育進步曲線正落後於技術進步曲線，逐漸超出我們彌補的能力。

L E S S O N
第 2 課
L E S S O N

如何在 AI 世界中找到自身價值？

"I knew the one thing I might regret is not trying."

Jeff Bezos, founder and CEO of Amazon

這是一個充滿變革的時代。那些能夠與人工智能共存的人，未來會有更大的成功機會；相反，那些忽視這趨勢的，必然會被甩在後面。據埃森哲研究（Accenture Research）公司稱，於二零二二年，人與 AI 合作使企業收入增加 38%，另超過 61% 受訪問的企業領導者認為，人與 AI 合作可以幫助他們更快、更有效地實現業務戰略。這說明，人和機器可以相互補充，不是您死我亡的。這種人與 AI 合作稱為**「人機協作」（Man-machine Collaboration）**。

「人機協作」的例子

事實上，「人機協作」不是新事物，日常的例子多的是，只是我們並沒有察覺到，例如：

- 學生利用互聯網搜尋學校作業需要的資料（視頻、圖像、文章等等），然後將它們結合成為多媒體播放；
- 使用機器翻譯完成一篇文章的初稿，然後才用人手改進文體和語法；
- 使用電影拖放器製作家庭電影，然後根據您的個人品味進行最後編輯；
- 建築師利用 AI，通過代碼片段和資料庫來完成建築物的初步設計，然後才作修改；
- 營銷人員利用大數據（Big Data）和可視化工具（Visualization Aims）來幫助他們如何更好地推廣產品等等。

在現實生活中有無數這樣的例子，而上述例子都有一個共同點：就是人類和電腦一同工作，**而人類的創造力和思維力仍然扮演著關鍵角色**。在一個 AI 的世界也會是一樣，即就是通過人類和 AI 協作，事情會辦得更好。

IBM 認知計算（Cognitive Computing）副總裁古魯・班納瓦爾（Guru Banavar）認為 AI 應該叫做「增強智能」，而不是「人工智能」。因為 AI 發展的目標不是成為人類大腦的副本，**而是成為人和機器之間的伙伴**。在這種關係中，人和機器合作的工作成果會比他們自己單獨做的更好。好像在第一課 X 射線的例子，對於病患者最重要的是盡快接受到治療，但對於放射學專業來說，這卻是一個大問題：一方面是放射科醫師的供應有限，因為培訓是嚴格而漫長的，另一方面，放射治療這類工作非常單調和容易出錯，因為這些醫師只是人類，基於疲倦或其他理由，誤診是無可避免的。但有了 AI，這問題便有了解決方法。例如 IBM 便使用配備 AI 的 Watson 來幫助檢查放射掃描的圖像，並參考患者的整個醫療歷史，進行疾病的診斷，大大舒緩了放射科醫師人手缺乏的問題。**由此可見，人機協作可以帶來新的機遇，為人類獨自不能夠解決的問題提供出路**。

在日本經濟新聞社《和 AI 一起生活一起工作》一書中，描述了一個人類和 AI 如何在未來一起生活和工作的圖畫，其包括人事管理、金融、法律、醫療、創作、飲食等等行業。該書動用了龐大的記者群，採訪包括日本、韓國、以色列、美國、英國、中國、新加坡等國專家，總結了全球 AI 應用的最新現況和各類案例。該書最後帶出一個最重要問題，就是：**人類如何和已經存在著的 AI 共存？**

無論 AI 未來朝著哪方向發展，有一點可以肯定的是，新時代將會來臨，一個「人機協助」的新環境將會出現，必須調教我們的技能來應對。**舊工種將會被淘汰，新的工種將被創造，更高的思維能力將會變成必需。**

廿一世紀的新能力

幾年前，西雅圖的一位記者報導，微軟（Microsoft）首席執行官史蒂夫・鮑爾默（Steve Ballmer）抱怨華盛頓州的教育體系，史蒂夫說，微軟常常聘用不到足夠的人，因為當地的學校不能「生產」他們所需的**「可思考的學生」**。

根據佛羅里達中央大學（The University of Central Florida）的一項研究發現，**廿一世紀學生**需要的能力為"4C"：即溝通（Communication）、協作（Collaboration）、批判性思維（Critical Thinking）和創造力（Creativity）。

也許您會想：我們的孩子不是已經有很多關於溝通（Communication）的訓練嗎？那些戲劇、講故事、演講技巧的訓練班不是很好嗎？協作（Collaboration）也是，那些小組遊戲、團隊項目、戶外訓練營也不錯呢？這些不是很足夠嗎？

我們忽視一件事：**這些訓練都沒有解決根本問題**。您孩子可能學到了一些溝通技巧，但溝通內容可能只是空洞，缺乏說服別人的力量；您孩子可能非常善於與人合作，但往往缺乏自己的觀點和見解，一味的贊同其他人的說話。最終，這些「訓練」可以為您孩子帶來了什麼？

要有效，您必須提高您孩子的思考能力，成為這些訓練和技巧的「內容」。

麥肯錫公司（McKinsey）全球首席學習官尼克・凡・達姆（Nick van Dam）引用世界經濟論壇的研究報告稱，未來需求的十大能力是：

1. 批判性思維 Critical thinking
2. 創造力 Creativity
3. 複雜問題解決力 Complex problem-solving
4. 判斷和決策 Judgement and decision-making
5. 認知靈活性 Cognitive flexibility
6. 情緒智商 Emotional intelligence
7. 人員管理 People management
8. 與他人協調 Coordinating with others
9. 談判 Negotiation
10. 服務導向 Service orientation

您會發現前四個能力皆與**思考能力**有關，可見它重要性。

普華永道會計師事務（PwC）在報告「未來的勞動力——競爭力量塑造 2030」中指出，一個自動化世界需要的不僅是科學和技術知識，**最重要的還是創造力和解決問題能力**。報告描繪了一個清晰的未來圖畫：工作所需的能力正在**從「技術」轉向「思想」**。如今，學校課外活動、私人課程、興趣小組等等，我們的孩子也許已經學到了一些「技術」，但還沒學好思想，這是一個非常嚴重的缺失。

從上述研究報告，我們更肯定僅靠牢記知識是不足以讓我們的孩子在廿一世紀的世界中茁壯成長的。與此同時，僱主們正在大聲疾呼他們新僱用的畢業生在職場缺乏能力，例如，如何處理大量的信息？如何創新做事的方式？如何表達您的想法並說服他人？如何與人合作解決問題？等等。

過去的幾年間，還有許多研究都希望給這個問題找出一個滿意回答，例如美國廿一世紀能力會議委員會和夥伴關係（Conference Board and Partnership for 21st Century Skills）的「難道他們真的準備好工作嗎？」調查，人類社會資源管理（Society for Human Resource Management）和華爾街日報（The Wall Street Journal）的「重要能力的需求和資源的不斷變化的勞動力」調查，以及經濟合作與發展組織（OECD）的「OECD能力展望」調查等等。

而廿一世紀能力合作夥伴關係（The Partnership for 21st Century Skills）後來在其《廿一世紀能力：為我們的時代學習生活》一書中綜合了這些調查結果，其中提出七個廿一世紀最為重要的能力：

1. 創造力和創新 Creativity and innovation
2. 批判性思考 Critical thinking
3. 解決問題 Problem-solving
4. 決策技巧 Decision-making
5. 溝通技巧 Communication
6. 協作技巧 Collaboration
7. 信息素養水平 Information literacy

再一次，與思維能力相關的**創造力、批判性思維、解決問題和決策力**都高踞前列。另外，有一點很多人可能會忽視的，就是這四種能力是相互關聯的，不可分割的，因為：

- 沒有批判性的思考，您將無法找到問題的真正原因；
- 知道問題的原因但沒有創造力，您將無法製造解決方案；
- 沒有解決方案，您將無法解決問題及為問題作出決策。

如今，**學校的應試教育與思考力的培養相反**，家長和老師期待學生能迅速牢記知識並解決既定的問題。長久以來，學生們被培養出了記憶力，但卻無益於培養學生深刻的思考力、創造力和解決問題力。

當面對新的事件時，既有的經驗和知識都顯得那麼無力。種種過度的應試學習，妨礙創造力的提升，使人的思維固化。因此，進入社會的學生們面對複雜的問題，往往會手足無措。那麼，習慣了為考試的教育方式的孩子們，還可以培養出思考能力嗎？我們不禁地問道：我們還可能依賴學校嗎？

◆ "批判性思維"的定義

早在一九九零年，美國哲學協會的「德爾福計劃」就已經對批判性思維的定義達成了共識。它將其定義為「一種考慮證據、概念、方法、標準和條件的決策活動，並取決於通過解釋、分析、評估和推論得出的目的」。

根據這個定義，可以說批判性思維要求個人以批判的態度質疑、推理和接近知識，而不是僅僅接受被告知的知識。

具有批判性思維的人的個人特徵包括好奇、忠於個人意見、渴望重新思考、經常處理複雜的問題、謹慎地獲取信息、理性選擇標準、謙虛和堅持不懈地取得成果。

在職場上，思考能力決定成就

思考能力不僅對孩子在學習時期重要，對將來的工作也很重要。沒有父母喜歡看到他們的孩子畢業後找不到工作，或發現他們很難保住「飯碗」，或無法得到晉升等等。

在現實裡，有兩類人會更容易保住「飯碗」或得到晉升：

第一類：那些可以取悅老闆的人，無論老闆想要什麼，他們都能滿足他們。

第二類：那些能夠表達自己獨特的觀點、勇於提出新的想法和做事方式、和善於和他人合作的人。

遺憾的是，大多數的孩子都不屬於這兩種類型：我們不希望他們成為第一類人，也不認為他們屬於第二類。是的，大多數的孩子擅長記憶，但不善於爭辯、提出主張、並勇於在別人面前發言。

請記住，我們的孩子畢業後能被公司聘用，可能是因為他們比其他求職者有更好的學歷和成績、有些相關的工作經驗、或面試中表現比較好一點。但一旦他們開始工作，公司對他們的要求就會大不相同，學歷或工作經驗一切都會歸零，進入公司的第一天，遊戲規則會變得不同。最近的一項調查告訴我們，超過 65% 離職公司的員工是因為他們的老闆，而不是和工作本身或公司有關。

有一本非常受歡迎的書叫《好老闆，壞老闆》（Good boss, Bad boss），作者薩頓博士（Dr. Shutton）在書中說，他無法想像有這麼多的人有「混蛋老闆」的故事，員工的不滿和沮喪與老闆是如此密切相關。這些「混蛋老闆」故事來自無數的職場人士，不僅僅是少數人。該書引用了佛羅里達大學（University of Florida）的一項研究，發現有「混蛋老闆」的員工比其他人更有可能故意犯錯（30% 對 6%）、躲避老闆（27% 對 4%）、不付出最大努力（33% 對 9%）、假裝生病（29% 對 4%）等等。

我們當然不希望孩子遇到這些混蛋老闆，但誰可以保證？另一方面，我們的孩子可能不是上面提到的第二類人：積極主動、健談、並能擁有及清晰地表達自己的想法。那麼怎樣才能確保我們的孩子在工作表現出色？保護他們不被解僱？甚至得到晉升？

根據美國管理協會（American Management Association）的一項調查，**72% 的僱主認為批判性思維（Critical Thinking）是其公司成功的關鍵**，但只有一半的受訪組織表示他們的員工實際上表現出了這種能力。調查另外發現**批判性思考並不依賴學生的記憶能力**，而是在真正問題發生，如何使用教科書之外知識，靈活及創造性地解決問題。

另外，華爾街日報（Wall Street Journal）援引 Harris Interactive 對 2,000 名大學生和 1,000 名招聘經理進行的「問題解決準備」（Problem-solving readiness）調查，**少於一半的受訪僱主認為學生具備紮實的問題解決能力**。

AI 世界中尋找自身價值

隨著 AI 變得越來越複雜並且其執行人類任務的能力越來越強，我們的孩子必須努力地尋找自己的角色。究竟哪些工作的「其他技能」沒有從學校學到的呢？

首先，AI 的興起與過去人類發展有著本質上的不同。在過去，我們只使用機器來處理重複的日常任務，一些意義不大的任務，而我們作為人類仍然是複雜任務的「主人」，機器只是我們的助手。但 AI 本質上卻完全不同：它可以評估、選擇、行動和學習，也可以自我獨立和維持（self-sustain）。

當然，一些工作被 AI 和機械人取代的機會較其他高。根據卡爾・弗雷（Carl Benedikt Frey）和邁克爾・奧斯本（Michael A. Osborne）編寫的「就業前景」報告，高度常規的電話營銷（Telemarketing）工作有 99% 的可能性被自動化的 "Robocalls" 取代。而稅務準備（Tax Preparation）工作，因其涉及處理大量可預測的數據，也面臨 99% 的可能性被自動化取代。事實上，H&R Block，美國最大的稅務準備提供商之一，已使用 IBM 的人工智能平台 Watson 來完成稅務準備工作。

世界上許多地方的人已經看到了這種趨勢，並提前做出了改變。Singularity 大學校長彼得・迪亞曼迪斯（Peter Diamandis）強烈倡導推動小學課程的變革，**以培養激情、好奇心、想像力、批判性思維和堅持不懈的關鍵能力**。學校的孩子們必須學習和鼓勵溝通，提出問題，用創造力、同理心和道德來解決問題，並接受失敗作為再次嘗試的機會。

基於人類不斷追求更高效率的本性，在競爭激烈的商業社會裏，勞動型的工作，如清潔工、電梯操作員、服務員、保安等工作顯然將會受到自動化替代的威脅，對於其他類型的工作，AI的影響可能會稍微慢一點，但這只是時間和程度的問題。可預見的將來，當我們年輕的學生離開學校時，今天所知的許多工作可能已經被機器所取代，這些機器不僅可以工作，而且能夠比人類更快地學習。

那麼，我們如何為未來的職業格局做好準備？要回答這個問題，我們必須問自己：**我們有什麼是 AI 不能做到的**？是創意嗎？是溝通嗎？是道德嗎？還是其他？怎樣的思維能力是 AI 將無法與我們匹敵的，即使他們不停地改進？

一個清潔工人的工作可以被機械人吸塵器代替，因為清潔只是清潔。但是對於醫生而言，即使有自動診斷疾病的機械人 CT 掃描儀，仍然需要「人」來完成整個過程，例如向患者及其家人解釋病人情況和治療方法，這些「人」與「人」的工作就較難被 AI 取代。

另一方面，當許多工作被 AI 和機器取代時，新工作也被創造。牛津大學（Oxford University）二零一三年一項名為「未來的就業」的研究指出，新技術通常創造的職業遠超過它所消滅的，只是人們經常誤判趨勢，這種現象稱為「勒德謬誤」（Luddite Fallacy）。他們引用了十九世紀發生的一件事：一群憤怒的紡織工人搗毀了新的機械織布機，因擔心這些機器會取代他們的工作。但實際上，今天我們都知道這憂慮並沒有發生，報告說人們總是傾向誇大自動化的影響，過去是怎樣，今天 AI

也是如此。另一項德勤（Deloitte）的研究顯示，一八七一年以來，技術往往創造就業機會而不是「工作殺手」。

世界經濟論壇（WEF）的一份報告亦表示，新興技術將創造更多的就業機會。其報告「二零一八年就業前景報告」（The Future of Job Report 2018）預測，到二零二二年全球將減少七千五百萬個就業崗位，但同期將創造 1.33 億個就業崗位，即淨增五千八百萬個就業崗位。該報告調查了各行業的公司，包括汽車、航空、供應鏈和運輸、旅遊、金融服務、醫療保險、IT、採礦和金屬、石油和天然氣以及專業服務。

但報告同時指出到二零二二年，**工作環境會出現巨大的變化**，二零二二年自動化將導致全職員工數量的減少，38% 的公司預計員工隊伍將轉移到提高生產力的新崗位。二零一八年行業 71% 的平均任務總時數由人類完成，機器只佔 29%，但二零二二年，由人類執行的任務時數減至 58%，機器執行任務的時數增加到 42%。這些公司還計劃擴大使用承包商和「遠程工作人員」（Remote Workers）比例。

世界就業前景報告（2020 年）
—— 十大高需求之技能

1. 複雜問題解決力
2. 批判性思維
3. 創造力
4. 人事管理能力
5. 人事協作力
6. 情緒智商
7. 判斷和決策力
8. 服務導向（態度）
9. 談判（技巧）
10. 認知靈活性

資料來源：Future of Jobs Report, World Economic Forum
https://www3.weforum.org/docs/WEF_Future_of_Jobs_2020.pdf

廿一世紀的工作模式與技能

這些研究似乎可以讓我們略為少擔心一點，因為創造的工作崗位將多於被淘汰的，這顯然是個好消息。但我們不應忘記，**這些新創造的工作中，性質和類型將與今天大大不同，所需的技能也是**。

對於未來的就業環境，我們可以做一些預測嗎？可以準備更好一些嗎？以下是可能會發生的情況：

§ 新工作將會與 AI「接鄰」

AI 將繼續取代一大堆的工作，例如會計師、酒店接待員、軟件測試人員、分析師、財務記者、法律和財務諮詢、中間人和經紀人等等。但同時，AI 會迫使人類增強智慧、改變工作方式。人類將需要與 AI 合作，和它「接鄰」（Connected），並通過「人機協作」的工作模式。

我們來看一個軟件工作者的例子。傳統上，大多數軟件測試都是非常手動的，測試人員用於測試軟件是否正常工作，但現在測試可以完全自動化。那麼測試人員能做些什麼呢？他需要找到自動化測試的「接鄰」機會，例如設計和創建測試自動化的各種模型（models）、測試方法的框架或功能等等，從一個測試人員轉變為一個**測試創造者**—— AI 的接鄰者。

《未來的職業與未來的律師》一書的作者理查德・蘇斯金德教授（Professor Richard Susskind）說：「到二零二五年，

雖然律師仍然會被稱為律師，但他們將會做著完全不同的事情。」其他職業也會發生類似的事情，現有的工作方式將會改變。

§ 勞動力將變得遠程和虛擬

由於技術的進步，地理上的接近度（proximity）將不再那麼重要。遠程工作（Remote Working）和自由職業（Freelance）將成為常態。另一方面，正規工作的勞力過剩，勞工轉往「零工經濟」（Gig Economy）來增加收入，或走向超專業化的「論件計酬」工作，如電玩、YouTuber、專業手作工藝師等等。

企業如何挖掘人才將發生巨大變化，像 CloudFactory 這樣的按需勞動力的自由平台將取代傳統的工作模式，企業將通過這些平台在全球範圍內尋找，聯繫和招募有才能的員工。全世界將會有額外二十億的人上網，其中大部分來自發展中國家，這一巨大轉變將帶來數百萬新工人與全球經濟聯繫。將來，「在線工作」和「在家工作」不再是少數，而是大多數。根據麥肯錫（McKinsey）全球研究所的報告，因為 CloudFactory 這一類雲勞動力提供者和平台，未來十年經濟的潛力將達到 2.7 萬億美元！

「在線工作」和「在家工作」的興起有助於解決企業的招聘問題，但也意味著對受僱者要求的**知識和思維力也越來越高**，以保證他們能夠獨立地完成工作。

§ 企業的核心功能將變得更小

組織將轉向敏捷的創業文化（Agile and Innovative Culture），以便變得更快、更精簡、更智能。只有戰略性的核心職能和工作才能保留在公司內部，例行性和非核心職位將全數自動化或外包的方式完成，以增加成本效益。留下重要的、能創造價值的職務，諸如企業策略、產品設計或工程設計等工作，**需要具備複雜認知能力（Cognitive Abilities）**，正如上述所提及的那些思維能力。

另外根據普華永道（PwC）的一份報告，人們將不會在整個職業生涯中為一家公司工作，靈活性和發展機會是他們所尋求的，最小有 20% 的勞動力將由自由職業者和臨時工所組成。

§ 一個即時世界

隨著通信能力和技術的不斷提高，特別是 5G 通訊的降臨，工作要求走向「即時」（Just-in-time）。通信是如此之快，以至任何事情都變成即時。例如有一個客戶聯繫您，該客戶端上的信息和文件會自動顯示在您的手機屏上，與客戶通話時，您需要立即回答他的問題和做出反應。

一個快節奏的未來世界，您將需要從大量的數據中提取重要的信息，並將信息綜合成有意義的關係，這需要「合成力」（Synthesizing Skill），一種很多人今天還未掌握的能力。

所以，我們必須承認一點：當個別勞工被新技術取代時，只剩下有兩個選擇，（一）要麼接受靠較低的薪資過活，（二）要麼想辦法學到更有價值的技能。即使在現在，我們已經見到**年輕人越來越難以找到工作，青年人的失業率高踞不下，和薪資停滯等等問題**。隨著經濟全球化進一步發展，這些問題將來可能會變得更加嚴重。如果問題無法解決，年輕人會找怪罪的對象：資本家、執政者、外在因素等等，但這趨勢恐怕沒有解決方法，因為這是科技的不斷進步和人類不斷追求效率的必然結果。

我們需要明白，二零零九年的全球經濟危機導致各國政府的寬鬆貨幣政策，資本成本大大的降低，加速了技術的創新，而另一方面，下一個世代將再增添將近十億的就業人口，龐大的「就業不足勞工」（under-employed workers）人口將出現，這意味著勞工的薪資會停滯不前（甚至倒退），貧富不均的現象將會繼續惡化，最糟糕的情況是，沒工作的人最終需依靠政府救濟生活，長此下去，漸漸喪失了工作的動力。

二零一一年麻省理工學院數字商務中心（MIT Center for Digital Business）埃里克．布林約爾森（Erik Brynjolfsson）和安德魯．邁克菲（Andrew McAfee）發表一項名為《和機器賽跑》（Race Against the Machine）的研究，表達對聰明的軟體和機器人驚人進步的憂慮。他們說，「當機器能夠接管人類眾多的**認知任務（Cognitive Tasks）**時，將會是第二個機器新時代的到來。」馬田．福特（Martin Ford）在二零一五年出版《被科技威脅的未來》（Rise of the Robots）的書中，預測機器人和機器智能將迫使社會進行某種政治改革才能維持順利運作，社會將不可避免地變成不穩定。而經濟學家湯瑪斯・皮凱提（Thomas Piketty）的大作《二十一世紀資本論》中，亦預測貧富不均必然擴大，令社會出現種種的問題，而 AI 和機器人技術的驚人進步將會是其中一個催化劑。

《經濟學人》資深編輯及專欄作家萊恩・艾文（Ryan Avent）在《二十一世紀工作論》裡提到，數位革命與自動化的趨勢正在顛覆屹立百餘年的商業模型，各種勞動力過剩將日益加劇，勞資關係和貧富差距將會惡化。他預測全球將有五成以上勞工沒有飯碗，或是「薪資跳崖」（即大幅減薪），工作機會將集中在少數精英和大都市中，例如倫敦、矽谷等地方，大量的勞工失業最終抑制全球消費與投資，加深經濟衰退。

對於未來這個困難的就業環境，我們可以做什麼？應如何教導子女面對未來的生活？他們將如何養活自己和其家庭？正如在第一章中所說的，我們只能選擇（一）大大提高自己現有的能力，與 AI 競爭，至少在某些方面贏過它；或（二）準備及接受人類需要與 AI 並肩工作的現實，也就是說「人機協作」（Man-machine Collaboration）。

由安永會計師事務所（Ernst & Young）成立的顧問團隊安永顧問（EY Advisory & Consulting Co., Ltd.）於二零一七年撰寫的書《2020，我們這樣生活，那樣工作》，當中非常詳細的描述人們在不久的將來如何工作，例如排行事曆、會議記錄、生活備忘等等「個人助理」的工作將由「AI 助手」完成，**真正的「人類個人助理」將專注於思考和決策，與 AI 一起並肩工作**，而以往「人類個人助理」的職位將從五個減至一個。此外，那些複雜的、以前以為只有人類能做的任務，例如營銷數據和潛在客戶分析，那些人類需要一周才完成的工作，AI 只需一天就能完成了，人類將要尋找可與 AI 協作的方式。

在萊恩・阿文特（Ryan Avent）所著的 "*The Wealth of Humans: Work, Power and Status in the Twenty-first Century*" 裏（中文譯為《人類財富：二十一世紀的工作、權力和地位》），認為當機器人持續增加，單一勞工的生產力也會增加的，高知識工作也面對被取代的可能性。當企業不需僱用那麼多勞工，失業人口勢必激增。從深圳、哥德堡、孟買到矽谷，作者調查廿一世紀的新工作面貌及科技將如何反轉恆來已久的商業模型，推向一個完全不同的新工作模式世界。

有些人，如發明家埃隆・馬斯克（Elon Musk），對機器人和 AI 的當前發展，充滿了一些消極想法。他們認為 AI 不僅取代人類重複的手工作業，比如倉庫揀選、客戶服務、旅行規劃、醫療診斷、股票交易、房地產、服裝設計等工作，那些我們曾經認為需要數十年甚至數百年 AI 才能趕上我們**人類思維的工作**，現在看來也許**只是十年或十五年內的事情**。

難怪我們會聽到一些極端的想法，例如「AI 將支配人類」、「AI 將奪走所有人類的工作」」、「AI 將統治地球」等等，不論這些正確與否，**一場與 AI 有關的戰爭經已揭開，而機會只留待那些有準備的人**。

下一章我們將討論一種稱為「高階思維」（Higher Order Thinking」，簡稱 HOT）的思考力訓練，幫助孩子變得更具評價性、系統性和創新性，並利用思考力來解決問題，為未來的世界中生存做好準備。

AI 也可以參與創造性的工作。儘管它現在只被用於常規公式性質的地方，例如製作簡單的交響樂、複製原畫、改變照片圖像等。也許在不遠的一天，AI 可以創造出與人類一樣的原創藝術品！

歐特克大學（Autodesk University）將「衍生式設計」（Generative Design）工具應用於產品和建築物設計，無需人為干預。設計師可以將自己的要求、限制等等（如材料成本）輸入到軟件，程序便可創造出成數百甚至數千個選項。而當設計師選擇時，軟件亦會參考設計師的偏好提供不同的設計，幫助設計師作出最後的選擇。這軟件可以幫助飛機設計，使飛機更輕和更快、建築更堅固、鞋子和衣服更舒服等等，設計師在設計過程中只需充當一個「策展人」（curator）的角色。

情感識別的 AI 創業公司 Affectiva 表示，財富 500 強企業中的四分之一正在使用他們的 AI 技術，比如了解觀眾對廣告的反應。Affectiva 的系統已經擁有來自八十七個國家的七百萬張面孔以及完成了三十八億個面部框架的圖像訓練，解碼人類的面部表情。比如，當觀眾看到一則廣告，能識別出人類八種不同的面部情緒，包括「厭惡」。其中一個用戶，媒體研究巨頭 Kantar Millward Brown，他們安裝了 Affectiva 的 AI 軟件後，發現觀眾對世界杯廣告出現女性代言人時，反應更專注和積極；又如果廣告的主角是現代人物（而不是傳統角色），推廣效果則會提高 25%！在麻省理工（MIT）旗下的媒體實驗室，Affectiva 的情緒辨識軟體則安裝於車廂內，來偵測駕駛者的精神狀況和情緒，例如過度開心或是生氣等等，以判定駕駛是否安全，而作出決定是否需要並介入駕駛。

新聞媒體上，AI 可以像人類一樣寫故事：首先 AI 會查看新聞原始數據，然後通過分析，找出哪些內容對讀者來重要又有趣，然後編織成一個非常引人的敘述或故事。具此 AI 功能的電腦能夠每三十秒自動生產一個故事！許多網站和新聞媒體已經使用這 AI 軟件，例如福布斯（Forbes）。

LESSON

第 3 課

LESSON

什麼是
高階思維「HOT」?

"I have no special talent.
I am only passionately curious."

Albert Einstein

一位年輕，認真的武術學生問他的老師：「我努力學習您的武術，需要多長時間掌握它？」老師回答說：「10年。」

這個學生又問：「但是如果我只學習心法呢，需要多長時間？」老師想了一下回答：「20年」。

在這個比喻中，學生誤會了一點：他以為心法比技能更容易學懂。學習思考也是一樣：它需要更長時間，但一旦您學會，會一生受用。

我們都有一個大腦，但大腦只是一個硬件，思考是軟件，就像學習功夫，一個有思考能力的人可以優化他的大腦，就像通曉功夫的心法可以更充分發揮身體能量一樣。

甚麼是「高階思維」？

「高階思維」由英文 Higher Order Thinking 翻譯過來，簡稱 HOT。HOT 是根據布魯姆分類法（Bloom's Taxonomy）在一九五六年提出的一種認知學習[4]（Cognitive Learning）方法。而安德森和克拉沃爾（Anderson and Krathwohl）在二零零一年把布盧姆分類更新，將 HOT 的三個級別修改為：**分析（Analyze）**，**評估（Evaluate）和創造（Create）**，如下圖所示。

二零零一年的修改版除了將 HOT 三個級別從名詞（Noun）改為動詞（Verb）之外，還添加了「創造力」，並把它定為 HOT 最高階的思維能力。

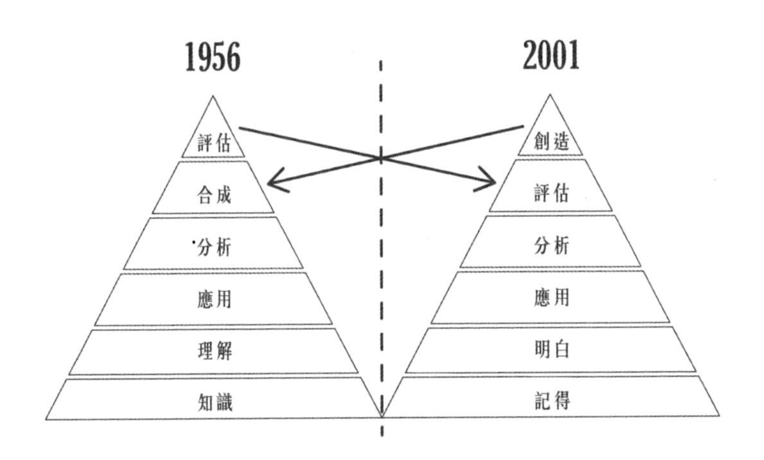

安德森和克拉沃爾二零零一年更新後的布魯姆分類法圖表

4 「認知學習」是通過思想，經驗和感官獲取知識和理解的心理行為或過程，即是說，人們學習的方式。「認知學習」圍繞理解大腦如何解決問題，保留和檢索記憶，指導我們如何學習新事物等等。

更新版的布魯姆分類法不僅在結構上更清晰，而且還提供了 HOT 三個級別之間的聯繫，也就是說，**我們首先需要分析（Analyze），然後作出評估（Evaluate），最後還需要創新（Create）**。

但這裏產生了一個問題：就是這三個步驟之後，最終得到什麼？HOT 的目標又是什麼？答案是：**解決問題和決策（Problem-solving and Decision-making, PSDM）**。

因為在這個世界上遇到的一切事情都可以看為「問題」，而所有「問題」都需要作出決策才能解決。舉個例子，解決數學公式是一個問題，如何制定房屋策略是一個問題，國際貿易爭議是一個問題，為孩子選擇小學是一個問題，做哪類工作是一個問題，甚至午餐吃什麼也是一個問題……我們可以說一生人所遇到的盡是「問題」，而您便需作出決定才能解決問題（除非那問題根本就不是問題！）。因此，我們可以得出一個結論：就是 **HOT 的最終目標是解決問題**，無論這些問題是學業、職業、還是生活上的。

您可能會發現，目前在大多數學校所學的，仍然是低階思維的東西，這是殘酷和悲傷的事實。所謂「低階思維」，是指只著重背記，或盡其量把背記東西加以應用，就好像當您把乘數表背熟，便不怕買東西給多錢了。

事實上，學習低階還是高階思維之間的分別可以只是很小。例如，「秦朝為什麼滅亡」是一個低階思維問題；而「秦朝為什麼這麼快滅亡？」則是高階。為甚麼呢？因為前者您只需要牢牢記住教科書的答案；而後者您卻需要把秦朝和其他朝代作出比較、分析、提出假設、並加以評估，才能得出答案。由此可見，**如果老師用高階思維問問題，學生的答案也會變得高階**。

當然，我們知道現在的教科書很多時也模擬一些「高階問題」和提供一些「標準答案」，但重點是，對於學生來說答案是否來自死背死記，還是通過自己的分析呢？如果只是一味死記的話，當問題稍稍改一下，您便會被捉個正著，不知道應該怎樣答了。

因此，我們知道低階的只依靠記憶、高階則著重分析和評估，而擁有高階思維的學生，更可能用創新的方法去解決問題。您的孩子屬於哪類呢？

我們經已落後了！

在眾多的行業當中，教育界可能是 HOT 最被推廣的行業。市場上和數以千計的的書是寫關於如何應用 HOT 在課堂教學上，例如邏輯謎題、創意寫作、圖片比較、「假設」問題練習等等。通過這種方式，孩子們可以體驗和練習到 HOT 的技巧，即通過分析—評估—創造的步驟來解決問題。

在馬來西亞的英國文化協會（British Council），HOT 訓練已經成為他們年輕學生課程的核心部分，每門課程都是建立在一系列 HOT 技能的學習上，例如學生通過討論，評估學到的東西，並把它們之間建立關係，增強理解能力。協會的目標是讓學生不僅為考試做準備，**還為未來的職業生涯做好準備**，成為具備 HOT 能力的一群。

在美國，康涅狄格大學（The University of Connecticut）把 HOT 用於教學大綱設計。他們引用了保羅和埃爾德（Paul and Elder）所說的話，「我們的大部分思想存在偏見、扭曲、或僅基於部分事實或未經證實的信息……然而，我們的生活質素、生產或建造的東西正是取決於我們**思想的質素（Qualities of Our Thinking）**。」它的意思是，如果不提高思維質素，將沒法分辨真假信息（例如缺少了批判性思維，critical thinking），最終無法達致改善生活的目的。

在丹麥，十歲以下孩童的課程，可以選擇是否參加「自由時間學校」（skolefritidsordning），這段時間的主要活動是遊戲。丹麥的教育專注於培養出「全人兒童」（Whole Child）。他們的家長與老師重視社交能力、自主能力、團隊能力、民主精神與自重（self-respect），希望培養出孩子的適應力，讓他們的內心有強大的內建羅盤（compass），指引他們人生的方向。丹麥家長知道，自己的孩子在學校會學習到眾多的技能，然而真正的幸福是無法光靠優秀的學業成績判斷，還要靠非一般學校科目的技能和強大的思考能力。

在尼泊爾——一個被大多數人視為不甚發達的國家，正對他們的教育系統進行徹底的改革！把高階思維（HOT）用作評估學生的學業成績。根據尼泊爾二零一六年教育法修正案：1. 學生在八年級完成基礎教育時（即進入中學前），HOT 技能會被用作考試標準；2. 成立國家考試委員會（NEB）作為計劃的監督機構，並把 HOT 考試擴展至中學。自二零一八年三月以來，已有七百五十三個地方政府參與該計劃，期望使尼泊爾的教學擺脫死記硬背的陋習。來自教育審查辦公室的工作人員、考試評估專家、教師、校長和其他政府部門負責人等等，已參加了大大小小的研討會，確保互相的緊密合作和提升評估的質量。在可見的將來，尼泊爾的教育會有一番新的景象。

牛津大學（Oxford University）——世界的知名教府，他們最有效的學習模式就是要求學生**論證**自己的觀點，要求導師對學生的論證**提問**。他們認為，書裡的邏輯只是非黑即白，但現實的世界卻充滿了灰色地帶，「不恥下問」、大膽假設和勇於求證將是終身學習的根基。當您在牛津學會了這種思辨方式，便能像那些非常成功的人，如諾貝爾獎得獎者，用更高階的思考方法和創意去解決難題。

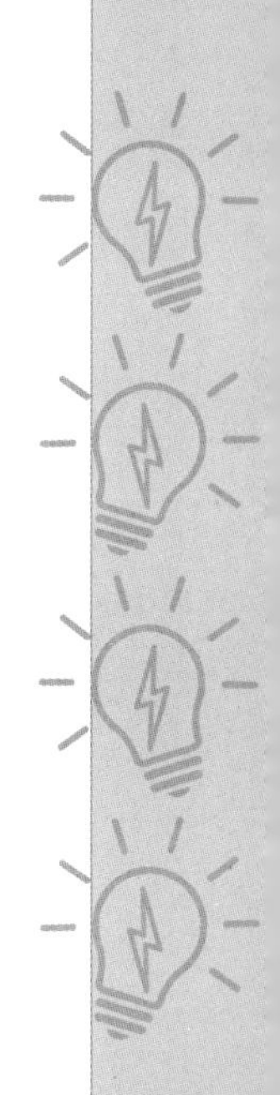

而早在二零零二年，信息和通信技術掃盲小組（Information and Communication Technology Literacy Panel）的報告已指出：「由於技術使簡單的任務變得更容易，**它會給更高層次的能力帶來更大的負擔**」。即是說：低階的思維能力將無法應付未來社會的需要；高階思維學習是唯一出路。

如果孩子們還繼續停留在低階思維 LOT 的階段，不趕上「高階思維 HOT 的列車」，將難於未來一個充滿競爭的社會生存。那社會將屬於那些更具分析力、評估力、組織力、創新力以及強大問題解決能力的年青人。**面對這個充滿未知的未來世界，學習如何思考將是保持競爭力的唯一方法**。

或許我們中間有些父母費盡心思，讓孩子提早入學或跳級，認為這會令孩子「更聰明」。有時父母會覺得，推孩子一把，讓他們有更好的表現或能比人學得更早，是在幫他們。然而，這不僅讓孩子感覺壓力，也無法幫助他們建立自信心。美國心理學家大衛・艾爾金德（David Elkind）說，幾年後，搶先起步的優勢就會消失，代價是什麼？長期而言，被揠苗助長的孩子焦慮程度高，自尊感低落。

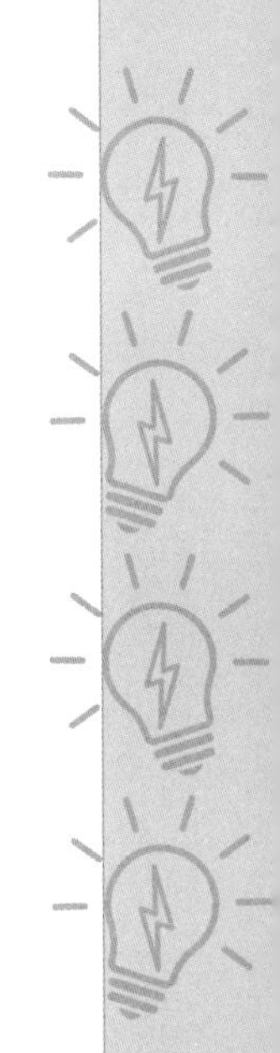

怎樣可以幫助孩子思考得更快、更好……更 HOT

我們的大腦都有思考能力，自出生那天便有，思維是人類與生俱來的能力。可惜，當我們長大時，我們反變得「笨拙」。

一項由威廉瑪麗學院（College of William and Mary）二零一零年的研究發現，隨著孩子們的成長，他們的創造力實際上有所下降。該項研究進行了三十萬次創造力測試，結果顯示自一九九零年以來，美國兒童的思想獨特性會隨年齡增長而減少，幽默、想像力、點子等等也會一樣。

若要避免這個現象發生，唯一方法便是加強大腦的訓練，並以提高思維能力為首要。當然，人的一些屬性和能力是天生的，但屬於後天的更多，人的思維能力也是一樣。更有效的思維方式，通過訓練，漸漸便變成為一種「思維習慣」，進入我們的潛意識中，自然地運用在日常大大小小的事情上。

事實上，在我們日常生活中，可以有很多機會把低階思維 LOT 提升至高階思維 HOT，加以訓練，例如：

- 孩子說出暑假假期有多少天只是 LOT，但提議暑假應該放多少天可以是 HOT；
- 默書是 LOT，但寫故事是 HOT；
- 當教師問「這個形狀的名稱是什麼？」時（手上拿著一張三角形紙），答「這是一個三角形！」是 LOT，但如果答「這是一個三角形，也是一個三邊形，也是正方形的一半！」那可以是 HOT。

HOT的思維練習就好像幫助孩子建立一個良好的飲食習慣一樣，為他們未來的健康生活奠定基礎，迎接一個更豐富、更美好的生活。

現在，讓我們加深對「高階思維 HOT」的認識，它的三個思考力包括：

「分析」（Analyze）——「分析」是指將信息分解為各部分，找出各部分之間的關係，再合成一個整體。這是一個區分、組織和歸類（classification）的過程。簡單來說，它是**分解和重組信息，使信息變成有意義**。在這個信息氾濫的年代，分析能力比以往任何時期更加重要。

「評估」（Evaluate）——「評估」是指根據一組預定義標準（standards）或條件（criteria）作出最有效的判斷的能力。那判斷可以是某人的想法、論點和意見，也可以是一些信息的真實的可靠性，又或是某工程或項目的可行性等等。根本上，評估技能可以應用於任何事物。

「創造」（Create）——「創造」的定義較為抽象，但創造的方法可以是將不同的元素組合在一起，變成一個新的想法或東西，也可以是將現有的元素重新組織和整合，以新的結構和形態出現。「創造」是被認為 HOT 中最困難的技能，所以它位於 HOT 金字塔的最高層階。

我們用一個例子來說明 HOT 的應用：假設在一個課堂練習，學生要嘗試解決地球上塑膠污染的問題⋯⋯

分析（數據收集和綜合）

- 分析使用過多塑膠對環境和人類健康的影響
- 分析塑膠使用與消費主義、政府政策和企業之關係

評估（合理判斷找出事實和真相）

- 評估產品設計和包裝對減少塑料使用量的潛在影響
- 評估三個主要之相互關係——消費者、政府政策和企業——對於驅動減少塑料使用量的影響

創造（創造解決方案）

- 創造基於環保產品設計和包裝的樣本以證明其可行性
- 制定推廣綠色消費的計劃和路線圖

作為課後練習，可要求學生用回收材料製作一個環保袋子，增加學習的趣味性。通過 HOT 技能練習，學生被「強迫」地變得更具批判性和創造力，而此練習亦可用於不同學科：生物、物理、科學等等。另外，HOT 的培訓亦可應用於不同的級別：幼稚園、小學、中學、甚至大學。

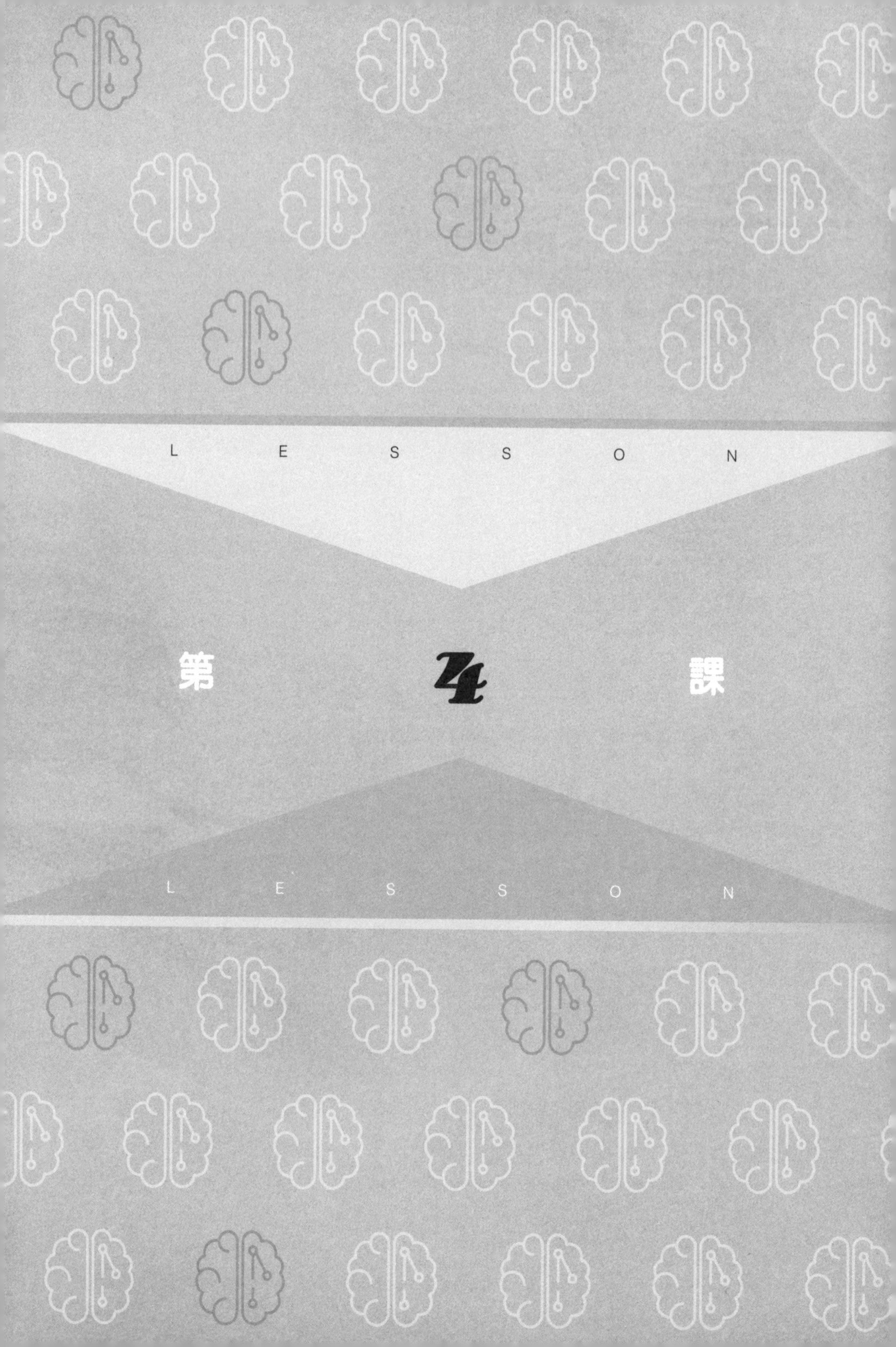
LESSON
第 4 課
LESSON

思考力
是如何訓練的？

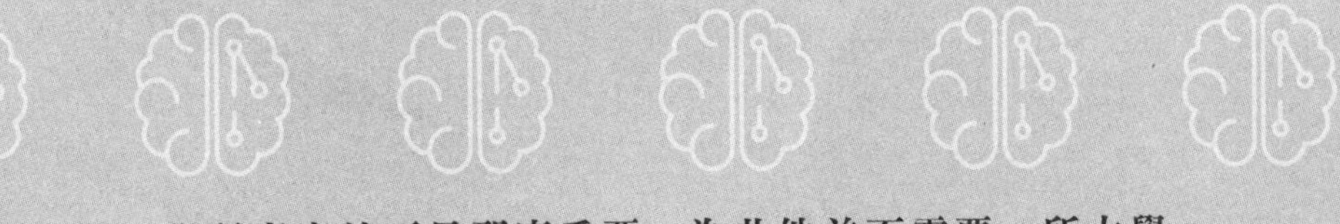

一個人學習事實並不是那麼重要。為此他並不需要一所大學，他可以從書本中學習。教育的價值不在於學習許多事實，而在於培養思維去思考從教科書中學不到的東西。

愛因斯坦 (Albert Einstein)

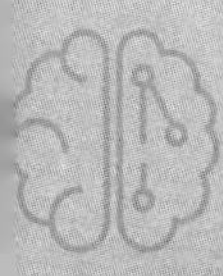
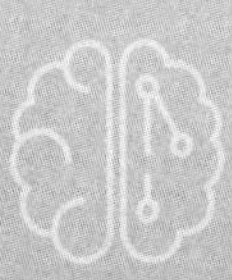

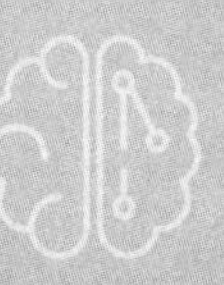
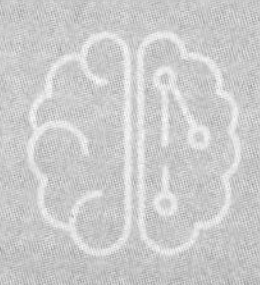
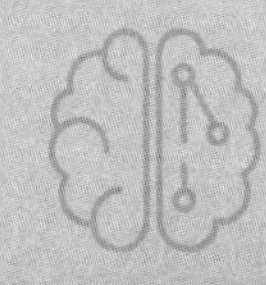

毫無疑問，布魯姆的分類學（Bloom's Taxonomy）提供了HOT一個清晰的框架，使我們明白什麼是低階LOT和高階思維的HOT分別。但怎樣才可以訓練HOT思維呢？HOT如何幫助孩子將來踏入社會工作呢？

以下是本人提出的「**費以民（Freeman's）的思維能力表**」，整合了HOT的相關文獻和目前流行的各種的思考力訓練，作為提升孩子思考力的參考。圖表中所提出的思考力，包含了那些最為重要的、在職環境中不可缺少的，亦即是HOT中第四至六級的高階思維。

HOT 級別	HOT 名稱	相關思考力訓練
第 4 級	分析 (Analyze)	信息合成力 (Information Synthesizing Skill)＋批判性思維 (Critical Thinking)
第 5 級	評估 (Evaluate)	邏輯思維 (Logical Thinking)＋系統思維 (System Thinking)
第 6 級	創造 (Create)	創造性思維 (Creative Thinking) + 問題解決和決策能力 (Problem-solving & Decision-making Skill)

這個費以民圖表的重要性在於**提出的每個思考力都是互相關聯、互相緊扣的**。其邏輯是：

- 假若您沒有信息合成力（Information Synthesizing Skill），將無法對大量的信息整合和分析；如果不加上批判性思維（Critical Thinking），則信息的真假將無法辨認；
- 假若沒有邏輯思維（Logical Thinking），就無法評估事情前後的合理性，容易受到偏見和錯誤觀點的影響；

而系統思維（System Thinking）則幫助您在得出結論之前，充分考慮所有的因素和互動關係；

- 假若沒有創造性思維（Creative Thinking），將無法提出足夠的方案作考慮，難以作出一個完善的決策（Decision Making）去徹底地解決問題（Problem Solving）。

在跟著的幾章，我們會逐一了解如何去提升每種思考力。

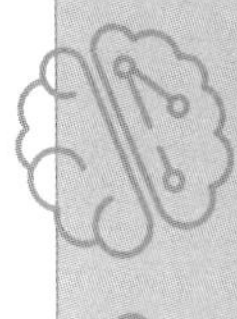

◆ 思考力小知識

曾幾何時，包括大學在內的一些教育者和機構提出「元認知」（Metacognition）作為教育改革的方案，作為全球化及資訊化時代的核心競爭能力，作為裝備廿一世紀學生的利器！

「元認知」其實是什麼意思呢？就是「思考的思考」（thinking about thinking），即透過理解您的思維方式，找出優勢和缺點，改進您的思維能力。

元認知的概念是美國心理學家弗拉威爾（J. Flavell）於一九七六年在《認知發展》一書中首先提出的。元認知是一個人對自己認知過程的覺察、反省、評價與調節，從而提高學習能力。而所謂「認知」，是指人通過概念、知覺、判斷或想像等心理活動來獲取知識的過程。這過程可以是自然的或人造的、有意識或無意識；認知亦包括用現有知識來產生新的知識。

舉個例說，有人看電影時他 / 她的情緒會跟劇情變化，起伏不定，一會兒哭一會兒笑。有元認知的人卻不同，他／她會想：這個情節合理嗎？之後會怎樣發展？到底是故事本身感人還是渲染的情節使人感動？為什麼不同人有著那麼不同的反應？我的感受為何不一樣？

這種「跳出自己」來觀察自己思考狀態的行為，便是對自己思維活動的認知和監控，即元認知的一種行為。

◆ HOT 和元認知是什麼關係？

HOT 強調不死記硬背，而是更高階的思維能力。而元認知則強調需要意識到自己的思維過程，以提高學習力。

因此，HOT 必須涉及某種元認知的過程。例如，整合不同的信息來源、考慮替代方案、作出批判性判斷、開發假設、從而最終解決問題，這過程需要通過認知的努力才能完成及不斷改進。

通過 HOT 和元認知的過程，新的概念把舊的取代，新的知識也產生了。因此，HOT（思考力的提升）和元認知（獲取知識的過程）是分不開的，就似是一個硬幣的兩面。

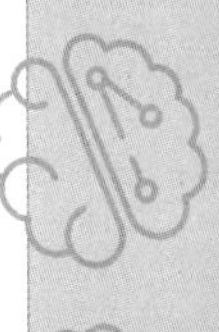
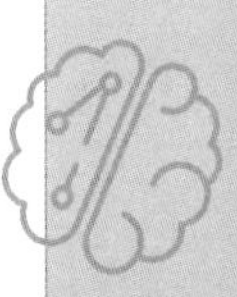

HOT 第四級的分析力（Analytical Skills）

讓我們先來看看第一個思考力：「分析力」。

分析是什麼意思？它意思就是「拆解」，即發掘一件事物的細節、理解它。所以，當我們說分析一個事件，就是要拆解這個它是如何發生的，及找出其原因。

「分析力」一詞早於亞里士多德（Aristotle，古希臘哲學及教育家，公元前三八四～前三二二年）誕生之前就已經存在，多用於數學和邏輯學上。「Analyze」這個字源自古希臘語「analusis」，其意思是「分解」。例如，您可以分解水（H_2O）為氫氣（H）和氧氣（O）。

在學校，對於文學科的學生來說，要分析一篇文章，必須要從作者、時代背景、文章風格、內容等等著手；對於物理科的學生來說，分析一個現象則必須要從理論、公式、實驗記錄等等著手。所謂「分析」，就是搜尋不同的資料、拆解其內容、找出關係，從而得出自己的結論。「分析」，就像法醫官從驗屍中找出致死原因。

「分析力」在求職時同樣重要。例如近年流行的「能力傾向測試」（Aptitude Test，俗稱 Apt Test）和小組面試（Group Interview），求職者的分析力便是測試項目之一。

在這，我建議兩種思維訓練以提高分析力，它們是信息合成力（Information Synthesizing Skills）和批判性思維（Critical Thinking）。

公式是：

分析力＝信息合成力＋批判性思維

§ 分析力之一：信息合成力（Synthesizing Information Skill）

在《哈佛商業評論》（Harvard Business Review）的一篇文章中，心理學家霍華・加德納（Howard Gardner）說：「決定注意什麼信息，忽視什麼信息，以及如何組織和溝通我們認為重要的信息之能力，**正成為我們這個世界的核心競爭力**。」他說的就是「信息合成力」。

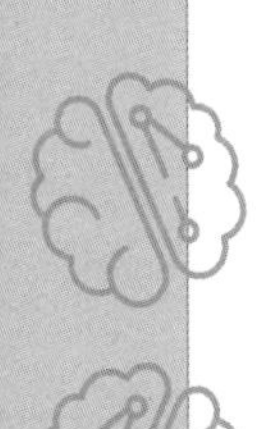

信息合成力就像把不同的布料縫合在一起，使它看起來像一條美麗的裙子；或好像用不同的零件，造出一輛汽車來；又或好像上化學課，將不同的化學分子合成一種新的化合物一樣。

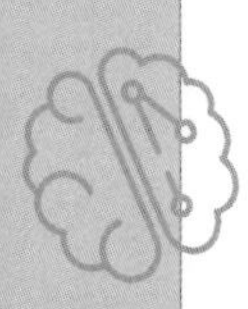

合成力（Synthesizing Skill）與總結力（Summarizing Skill）不同。假設我們有A、B和C三條信息，總結力只會得出A＋B＋C的結論；但合成力會從A、B和C創造D，而其中D包含A、B和C的精華，及添加新的見解。

從一個簡單的練習，我們可以測試一個孩子的合成力（註：托福試 TOEFL 也有類似的測試）：

首先讓他／她先閱讀幾篇文章，然後叫他／她找出這些文章的共同主題。通過這樣的小小練習，便能知道孩子對理解信息的相似性和不同性（Similarities and Differences），及將文章中分散的信息重新組織及整合的能力。

就好像七巧板遊戲，七塊板是資料，卻可以造出不同的造型，像兔子、天鵝、小狗和農民等等；而每個造型都包含同樣的資料，出來的卻是一件新的東西。都是 A、B 和 C，用合成力卻產生了 D。

猶他州立大學（Utah State University）在二零一五年進行的一項研究中發現，學習了綜合能力（其英文和合成力是同一字）的學生在識別主要思想和合作思想方面的能力提高了。隨著互聯網的不斷發展，處理信息的能力變得越來越重要，成為最重要的生存能力。

可能很多家長還沒有聽說過合成力或綜合力，也沒有意識到這種能力在數字時代的重要性，更不用說訓練他們的孩子了。現在，您們可以試試以下練習，感受一下何謂合成力。

以下的三篇報導來自三份不同的報章，試可否用少於一百字，把它們的內容整合為一段**「隱性心臟病」**的結論。

◆ 報導（一）：

一個巴士司機行駛途中突然昏迷造成嚴重傷亡意外，有心臟科醫生估計，肇事司機是急性心臟病發，國際間僅一成急性心臟病發者錯過「黃金六分鐘」，仍能獲救及甦醒，形容司機實在夠運。

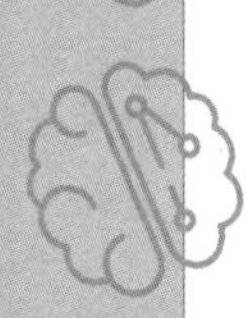

事實上隱性心臟病者，須做動態心電圖進行踏步機測試，始能揭患病，四十歲以上男士屬高危族，呼籲市民應注意「三低一高」，及做帶氧運動。

香港大學醫學院內科學系榮譽臨床教授劉柱柏估計，肇事巴士司機最大機會是心臟病發，亦有機會是中風。急性心臟病發者，須於黃金六分鐘內得到適當救援，包括人工呼吸或心臟除顫器，否則九死一生，即使獲救亦

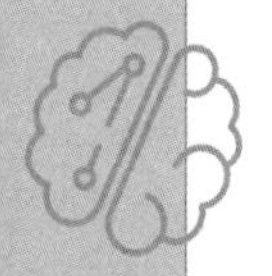

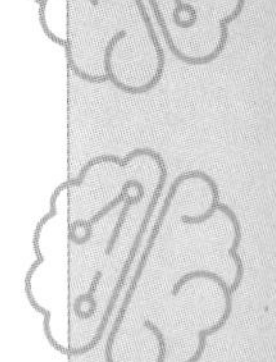

會變成植物人，國際間僅一成人能獲救後會甦醒，他形容該名司機夠運。

然而，並非所有急性心臟病發者均能重獲新生，據醫管局統計年報顯示，二零一零年患急性心肌梗死出院人次及死亡人數達 6,942 人；衞生署數字亦顯示，去年有 6,334 人死於心臟病，近五年平均每年有 6,500 人死於此病。

事實上，一般體檢難以揭示是否隱性心臟病患者，心臟科專科醫生鄭長華指出，必須做動態心電圖才能揭示，因動態心電圖需進行踏步機測試，心臟運作快才知道供血是否正常。他認為職業司機，更應檢查心臟功能。他解釋，血管壁內的膽固醇積聚，久而久之造成的粥樣硬化斑塊，當斑塊剝裂開時，便會造成血管栓塞。

可惜大部分患者出事前未必有徵狀，劉柱柏指出，因血管有七成狹窄才會有病徵，心絞痛、心口有被壓之感、肩膀痛、牙骹痛，部分人發病時會痛三十分鐘，亦有人發病後數分鐘內休克。

◆ **報導（二）：**

兩名跑手昨參加渣馬途中暈倒危殆，其中一人只有廿四歲，浸會大學體育學系教授鍾伯光及副教授雷雄德均指出，年紀與受傷以至猝死並無關係，任何年齡人士準備不足下進行超出負荷的運動量，一樣有其風險，另一引起問題的原因則是跑手身患隱疾而不自知；有心臟科專科醫生亦指出，若家族有人患心臟病，則要小心。

雷雄德提醒年輕人不要因年紀尚輕就以為「好砌得」，因過去就馬拉松比賽的統計顯示，三十五歲或以下跑手猝死，多是因先天性隱性疾病，如心肌肥厚或心血管結構有問題；而三十五歲以上猝死原因多與「三高」有關，兩種情況有所不同，但風險一樣存在，同時還有一個共通點，就是患者事前並未意識到相關病症的存在，而根據過往數字，平均每十萬人便有一人在馬拉松比賽中猝死，在渣馬這樣國際化的比賽中機會率並不小。

心臟科專科醫生林逸賢亦說，年輕人雖心血管有毛病的機會較少，但也不能排除有隱性心臟病，如有心律不正等問題，若有心臟病的家族史便須留意，因跑步時或會誘發心臟病。

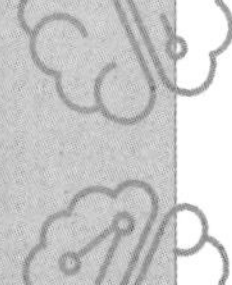

鍾伯光則指出，即使本身沒有隱疾，也有可能因平日欠缺足夠訓練便參賽，讓身體超負荷。他解釋，若一個普通年輕人平日有做運動，其實應有足夠體能應付十

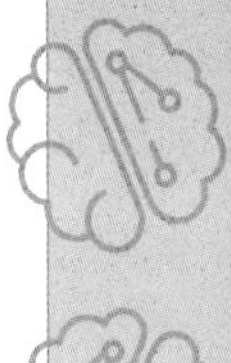

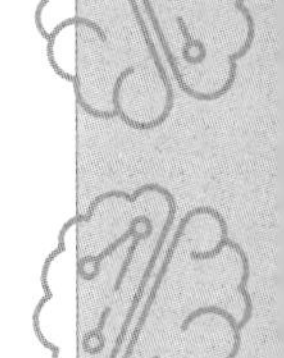

公里跑步，倘若本身沒有做運動，或比賽途中的節奏大大快於平日的訓練，身體會因未能負荷而發出危險警號，故奉勸比賽途中出現氣喘、氣促以至頭暈等問題，即要多加注意，而跑手應該逐步增加所跑里數，從半馬轉戰全馬尤需注意，因體能需求將大大增加。

對於跑手的賽後恢復，雷雄德提供「小貼士」，建議跑手隨後兩、三天確保有充足睡眠，最少也要每天睡上八小時；飲食上應多喝水及進食碳水化合物，並適度補充蛋白質。為加快新陳代謝，散步、游水等可促進血液循環的輕量運動都可帶來幫助，他同時叮囑跑手別喝酒，因酒精利尿，或令身體脫水。

◆ **報導（三）：**

凌晨猝死的十八歲青年達一點八米高，重約二百磅，BMI 達二十八，屬明顯過胖，消息稱不排除他是因隱性心臟病發致死。彭繼茂急症專科醫生直言，若十八歲便因隱性（先天性）心臟病病發及死亡情況確實較罕見，但他指本港近年隱性心臟病確有年輕化的趨勢。發病年輕化的原因估計是因為港人飲食習慣趨西化，進食過量高熱量的食物及快餐等所致。他認為要預防隱性心臟病，方法不外乎都是由健康飲食及定期運動等入手，例如飲食要盡量多菜少肉、少油少鹽等，以減低肥胖帶來的額外心臟負荷，從而減低心臟病發的風險。

彭繼茂急症專科醫生解釋，猝死的個案一般以三十五歲作分界線，如果是三十五歲以下猝死，最大可能為隱性的先天性心臟問題，例如心肌發大、心跳紊亂，或者先天性腦血管畸生、或突然爆血管致腦出血中風。彭繼茂坦言首次病發之前很難察覺，因為心肌發大或心跳紊亂都是突然發作，一旦大難不死的話，身體狀況又會回復正常，令病人可能掉以輕心。

彭指出，普通X光或心電圖等正常例行身體檢查恐怕不能檢測到隱性心臟病問題，故假若病人曾病發，例如曾試過無故突然昏迷至休克，應把徵狀告知醫生，以考慮是否安排更詳細深入的心臟或心血管檢查，包括：顯影性心導管，廿四小時心電圖等，這才可揭發到隱性心臟病。

至於若市民在家中或街上見到有人突然昏迷倒地不省人事，除了應盡快致電九九九召喚救護車外，彭繼茂亦建議市民可嘗試用心肺復甦法救人，而消防處及聖約翰救傷隊等不時都有課程教授有關急救技術。

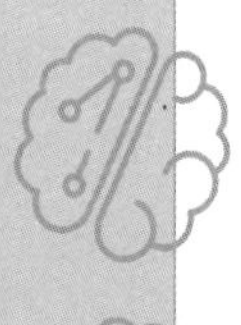

另有專家則直言隱性心臟病沒有年齡界限，青年人也一樣可以中招，故建議無論年紀大小，均應建立良好飲食及生活習慣、避免吸煙（戒煙）、以及每周至少運動三次，每次至少二十分鐘，以避免身體過肥，這樣才可強化心臟功能及有效預防隱性心臟病病發。

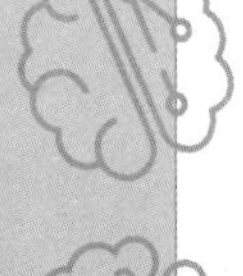

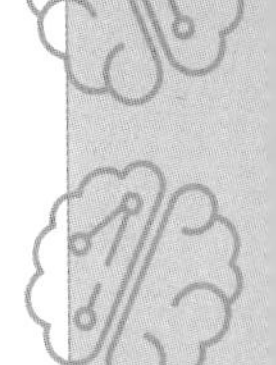

在閱讀了這三篇文章之後，您能說出一些「**相似**」（Similarities）和「**不同**」（Differences）的地方嗎？讓我們先看「**相似**」地方，看看您是否也得出以下幾點：

1. 大部分患者出事前未必有徵狀
2. 患者患隱疾而不自知
3. 預防隱性心臟病，需要建立良好的飲食和生活習慣，及勤於運動

哪些「**差異**」呢？您能找到以下幾點嗎？

1. 四十歲以上男士屬高危族 vs. 以三十五歲作分界線 vs. 沒有年齡界限
2. 必須做動態心電圖才能揭示 vs. 顯影性心導管，廿四小時心電圖等檢查才可揭發
3. 隱性心臟病確有年輕化的趨勢 vs. 沒有年齡界限

現在，可否把以上的各點**整合**為一篇簡短幾行的結論？而包含相同和不同的地方？例如：

隱性心臟病是一種非常危險但不可預測的致命疾病，事前未必有徵狀。它可能發生在任何年齡的人身上，降低風險的唯一方法就是建立良好的飲食和生活習慣，和勤於運動。

當然，我們可以進行更多的資料搜索，對文章不同的地方加以考證，例如怎樣才可以測試有沒有隱性心臟病，直至對結論感到滿意為止。但現實中，我們大多數時候都是要在有限的時間作出結論，而具有熟練合成力的人必然更出色，尤其是在一個資訊爆炸的年代。

在這個「**隱性心臟病**」的例子中，所謂信息 A、B 和 C 便是上述的三篇文章，而結論則是 D。雖然 D 是從 A、B 和 C 整合出來，但 D 卻表現出一個基於各方面比較的結論，亦突出了主題的重要性，是關於「**一種非常危險但不可預測的致命疾病**」，令信息更清晰和吸引。

由此可以看到，整合力不僅是信息的總結（Summarizing），它是一種提取和對比的技能，目的是從眾多的信息中得出某種結論。對於信息中的那些「差異」，它們本質上是屬於不可靠的信息，因此應該避免在結論包含它們。但是這些「差異」的信息對於批判性思維（Critical Thinking）是非常有用的，它們有助「觸發問題」（Questions Triggering），挑戰信息的真實性，我們將在本書的後半部分再詳細解釋。

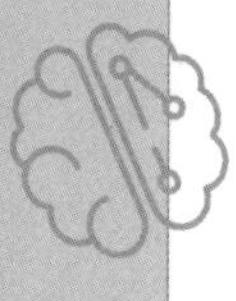

綜合能力（Synthesizing Skills）在一九五六年原始版本 Bloom's taxonomy 放在高階思維的第一級，換句話說，它是所有 HOT 的基礎能力（Foundation Skill）。隨著現今信息的大量增加，處理信息的綜合能力也變得越來越重要。

缺乏綜合能力常見於孩子的學校作業中，他們只是把來自網站的信息剪剪貼貼，而無法分辨出信息的相似點和不同點，更不用說提出他們自己的見解和結論，綜合技能的缺乏也常見

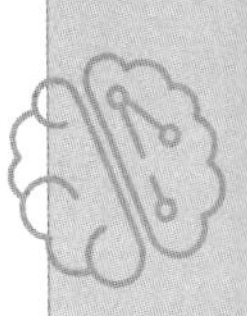

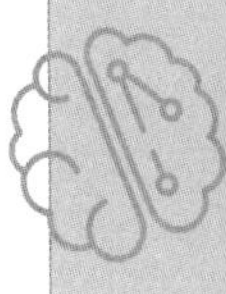
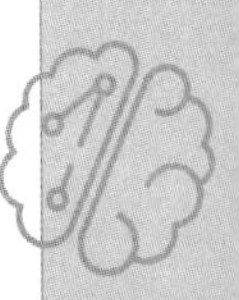

於大學生，如果沒有這種基本能力，就很難到達 HOT 那些更高的級別能力。

不幸的是，現代的人變得越來越懶得思考，WhatsApp、Instagram、WeChat 等等社交媒體的普及，加快我們的溝通，但也讓我們更容易不加思考便將未經證實的信息傳遞給朋友、同事和家人，已成為一種習慣，在一個信息氾濫的世界裡，我們思考的時間相反越來越少。

在這，我們列出綜合技能的七個步驟：

第一步：信息收集—— 首先您必須找到一個「主題」，也就是說，您想要進行綜合的中心。當您有「主題」，可以收集相關的信息。現在最方便收集信息的渠道是通過互聯網，例如谷歌搜索器（它也使用 AI！）。

第二步：篩選—— 您必須篩選收集的信息，確定哪些信息與「主題」相關，哪些不相關和不可信的。對於相關信息，您通常需要進行另一個步驟以挖掘更多信息。此過程稱為「滾雪球」的信息搜索。

第三步：找出信息中心的模式—— 這是最重要和最困難的部分。您需要學習如何從相關信息中看到一種模式（Pattern）的存在。下面的例子將進一步解釋這點。

第四步：「從遠處看」—— 然後您退一步看一看這個「模式」。是否看到一些邏輯或見解可以清晰地解釋「主題」？我們可以將此步驟稱為「直升機視圖」（Helicopter View）。

第五步：定義—— 嘗試起草一個簡單的語子，將主題的本質清晰地描述。

第六步：檢查—— 檢查您是否對第五步中的語子描述感到滿意，如果不滿意，重複步驟 1 到 4，直到不同來源的信息只不斷重複，沒有任何的新信息發現。

第七步：結論—— 最後，您應該感覺到您已經從「主題」中抽出了一些非常重要的見解。您現在將會怎樣對別人描述這個「主題」？您能用簡單的說話讓人們明白它嗎？

§ 分析力之二：批判性思維（Critical Thinking）

在 HOT 思維技能結構，沒有比批判性思維更重要！您會經常聽到它的名字在各種媒體出現—— 書籍、網站、報紙、電視等等，談論它是如何的重要。

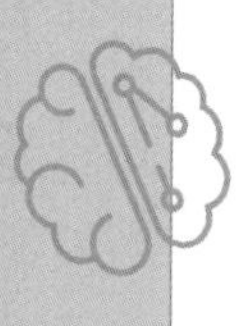

有些家長可能會認為孩子必須聰明才能批判性地思考，但事實相反，學習批判性思考讓孩子變得聰明。

首先不要看到「批判」兩個字，就以為這種思維是指在雞蛋裏挑骨頭或對別人刻薄挑剔。實際上，批判性思維強調的是一種獨立思考的能力，對所看到的論點和結論**隨時保持疑問的態度**。這種態度會促使我們去尋找，進而從已知的導出結論解決問題。擁有批判性思維的孩子更喜歡提問題思考、再提問題再思考，而不是被動地接收所有信息，接受別人給出的標準答

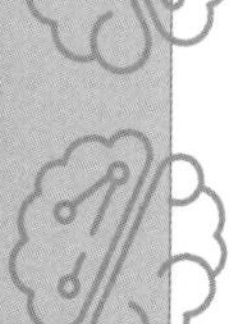

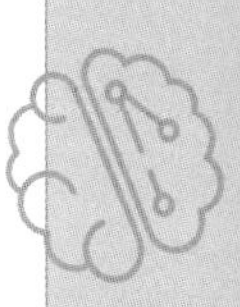
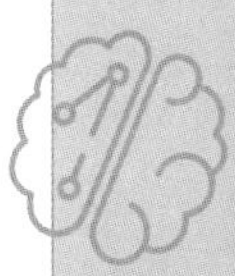

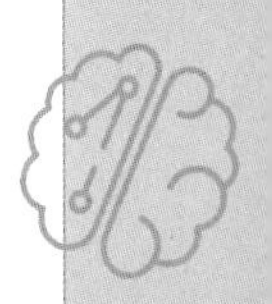

案（從而失去思考的能力）。可以說，一旦孩子擁有批判性思維，愛上獨立思考，能自主解決問題。那麼孩子就擁有了終身自主學習的能力。

培養孩子的批判性思維，實際操作起來並不難。家長可以從教孩子學會提問題開始，經常對一些沒有現成答案的、開放性的問題進行思考，這就是在幫孩子培養批判性思維。（參考：https://kknews.cc/education/ryjebvo.html）

早在十七世紀，經驗主義之父弗朗西斯・培根[5]（Francis Bacon）就已經提倡「批判性思維」的重要性，將它描述為「*尋求的慾望，耐心的懷疑，冥想的喜好，主張的緩慢，考慮的準備，處理和整理的謹慎，以及對各種欺騙的仇恨。*」換句話說，他認為沒有批判性思維是這世界各種的錯誤思想、偏見和欺騙的根源。

全國批判性思維卓越理事會（The National Council for Excellence in Critical Thinking）將批判性思維定義為「*積極和巧妙地概念化，應用、分析、綜合和／或評估從觀察、經驗、反思、推理或溝通中收集或產生的信息的智力紀律過程，作為（個人）信仰和行動的指南*」。歷史學家威廉・格雷厄姆・薩姆納（William Graham Sumner）將批判性思維定義為「*對任何提出接受的命題的檢驗和測試，以便找出它們是否存在*」。換句話說，批判性思維是我們避免陷入妄想、欺騙和迷信的唯一保證。**有批判性思維，我們才可以獨立思考，找出事物的真相**。

5　這與另一個弗朗西斯・培根（1909 年 10 月 28 日 - 1992 年 4 月 28 日）不同，一位出生於愛爾蘭的畫家，以畫中充滿原始情感的圖像而聞名。

有趣的是，批判性思維可以追溯到2,400年前蘇格拉底（Socrates）的時代。蘇格拉底利用「提問技巧」（Questioning Skills）來訓練他的學生，對他們提出的假設質疑，使他們避免輕易接受那些看似「不言自明」的偏見。今天，批判性思維再次成為學校的學習重點，許多海外大學或高中學校已經把批判性思維放進他們的課程，但在亞洲，大多數學校沒有教授批判性思考，大學裡也很少有這方面的培訓。

在新加坡，一個名為「思想學校，學習國家」（Thinking School, Learning Nation, TSLN）的計劃早在於一九九七年啟動，這計劃以新加坡教育部（The Ministry of Education, MOE）制定的「廿一世紀框架能力和期望的學生成果」（The Framework for 21st Century Competencies and Desired Student Outcomes）為基礎，旨在將批判性和創造性思維引入學校課程。然而，二零一四年的一項研究表明，這計劃取得很少的成功。一些人認為，新加坡以考試為中心，教師為中心的文化抑制了創造性和批判性思維，亞洲其他城市如上海、香港、台灣、韓國和日本也面對同樣的現象，這些國家的學生擅長參加考試，在HOT的角度看，考試技巧在現實世界中沒有多大用處，當這些學生從學校畢業，除了擅長記憶之外還什麼呢？在未來的世界中，遠遠需要更多的技能解決生活上的問題。

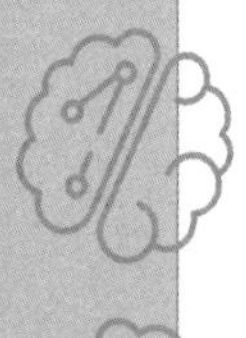

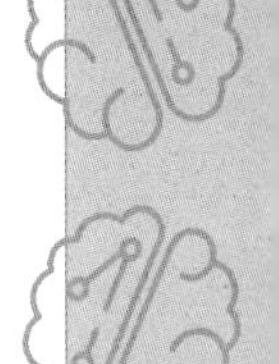

在學習批判性思考之前，必須了解什麼是我們思考過程中常犯的錯誤，也就是說我們的「思維盲點」（Thinking Blind Spots），例如：

- 我們經常會盲目相信某某權威，永不挑戰他／她是對還是錯；
- 我們經常會做一個「認知捷徑」，只堅持自己的看法，忽視其他的可能性；
- 我們經常會混淆因果關係，當看到兩件事情一起發生時，斷言一件事必須引起另一件事；
- 我們經常會用一個錯誤的比喻來解釋兩個不相關的東西；
- 我們經常會過度概括，假設一個事情對於其他事情是正確的；
- 我們經常會跳到結論，只用幾個事實來定結論，未能考慮替代方案，在得出結論之前測試假設。

批判性思維幫我們避免上述錯誤：

第一點：質疑您的假設

我們對所有事情做出了很多假設，這就是我們的大腦如何工作。沒有假設，我們每天都難以生活。例如，當您乘坐地下鐵路或公共汽車，您會「假設」它將遵循其路線，將您帶到目的地，您不會懷疑它是否會這樣做，您只是「假設」它會按照您的設想發生。

每天發生在我們身上的事情，大多數人只會假設他們是真實的，從不懷疑是否屬實。但是，有些事情不是乘坐地鐵或公共汽車那麼簡單，它們可能對我們產生重大影響，經驗告訴我們許多假設都是錯誤的，或至少不是完全真實的。批判性思維需要您擺脫做出假設的壞習慣。

對假設提出質疑意味著什麼？被稱為最偉大的科學家的愛因斯坦（Einstein）對牛頓（Newton）運動定律這個屹立多年的假設提出質疑，**如果愛因斯坦從不懷疑，我們永遠無法形成全新方式理解我們的地球、銀河和宇宙**。

我們可以用類似的方式來質疑假設。為什麼我們必須在電影院看電影？為什麼需要更多的課外活動？為什麼我們總是沒有嘗試過就認為會失敗？

小 測 試

以下哪一個是質疑假設的例子？

1. 「這本雜誌發表的信息準確嗎？」
2. 「我們如何採取有意義的措施來對抗全球貧困？」
3. 「即使我們不餓，為什麼覺得有必要在早上吃東西？」

（答案在頁底部）

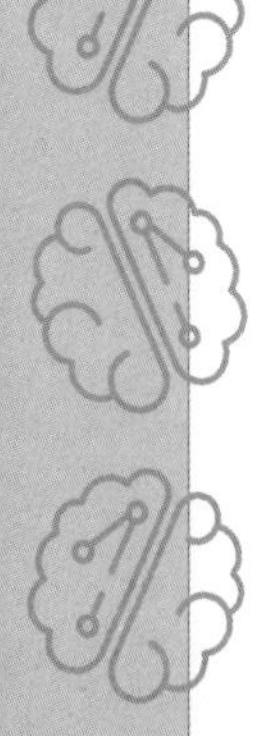

（答案是：第三題）

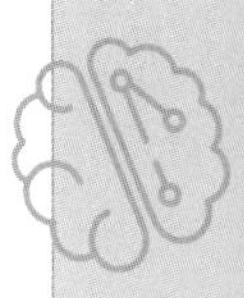

對假設提出質疑意味著在調查之前，不要把權威視為真實。

不要誤解我的意思，說權威是沒用的，但是當假設成為您的習慣時，您的大腦變得懶惰，更糟糕的是您傳遞了權威所說的其他內容。當越來越多的人這樣做，權威就變得更加權威。就像現在互聯網媒體中的那些關鍵意見領袖（KOL）一樣，其他社交媒體也是一樣。

也許這個情況也發生過在您身上吧！當收一條 WhatsApp 消息時，會立刻分享給其他人，但沒有首先檢查消息是否屬實。養成使用**多種來源**調查可疑信息的習慣，用有意義的解釋和邏輯來滿足自己，詢問在該領域知識淵博的人，或者閱讀有關信息的原始來源（First-hand Source），而不是來自二手或三手的信息。很快，您會發現您建立了一個很好的推理和質疑的感覺，它可以幫助您快速區分什麼是可以相信的，什麼是不可以相信的，什麼是需要更多研究，什麼是高度可信的。

第二點：不只一兩步，而是考慮幾步

想像一下，如果您是國際象棋大師，能盡可能想到多的步驟，您有更大的機會獲勝。同樣的原則適用於批判性思維，您需要將未來的可能成為您思考的一部分。

亞馬遜（Amazon.com）行政總裁傑夫貝索斯（Jeff Bezos）著名於了解了思考未來幾步的好處，他在二零一一年厭倦了連線雜誌（Wired Magazine）並說：「*如果您所做的一切都*

在三年的時間範圍內工作，您的競爭對手將不少，如果您在七年的時間，那麼只有一小部分的公司可以與您競爭，因為很少有公司願意這樣做。」當他的新產品「Kindle」於二零零七年首次上市時，沒有人想過「電子閱讀器」的新概念成為許多人將來讀書的習慣。

第三點：向別人學習

最後，您需要願意學習別人的想法，以提高您批判性思考的能力。

在小池塘裡成為一條大魚，讓您的自我感覺良好，或是成為在海洋中的小魚，可以看到更大的東西？如果您真的想擁有更好批判性思維能力，把自己置身於比自己更聰明的人當中！智能人士不僅可以讓您更聰明，更清晰，還有助於滲透您的視角，增強您的信心。

不要害怕失敗，不要害怕問愚蠢的問題，因為這是學習的唯一方式。偉大的人都從失敗中吸取教訓，學到了什麼有效，什麼無效。「成功」是可看見的東西，但是看不見的更重要——「失敗」，有智慧的人不僅要看那些可見的，還要看那些看不見的。

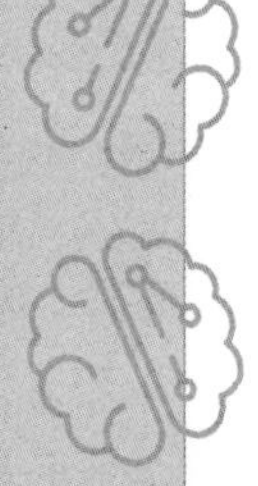

小 測 試

您為什麼要把自己包圍在比您聰明的人身邊？

1. 了解更多他們的想法。
2. 結交新朋友。
3. 追求卓越。
4. 學習新事物。

（答案在頁底部）

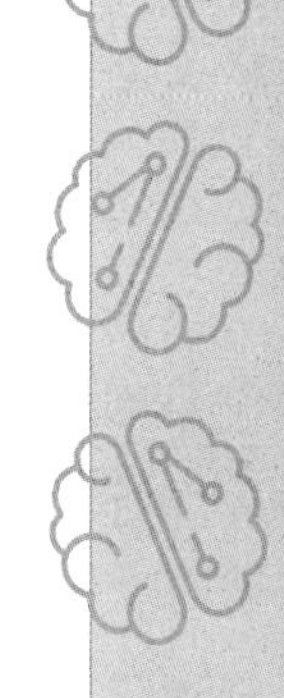

我們可以從上面總結：批判性思維不是更**多**思考，而是更**努力**思考，更好地思考。

批判性思維能使您變得更加專注，當您在傾聽別人的談話時，能夠過濾出有用的信息，提出聰明的問題。磨練批判性思維可以打開孩子一生知識的好奇心，但這個旅程並不容易，批判性思維需要紀律，保持正確的態度和方法，您會看到孩子的思維能力穩步提高。

（答案是：所有答案都是正確）

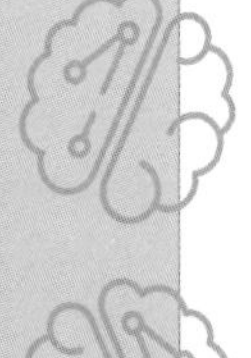

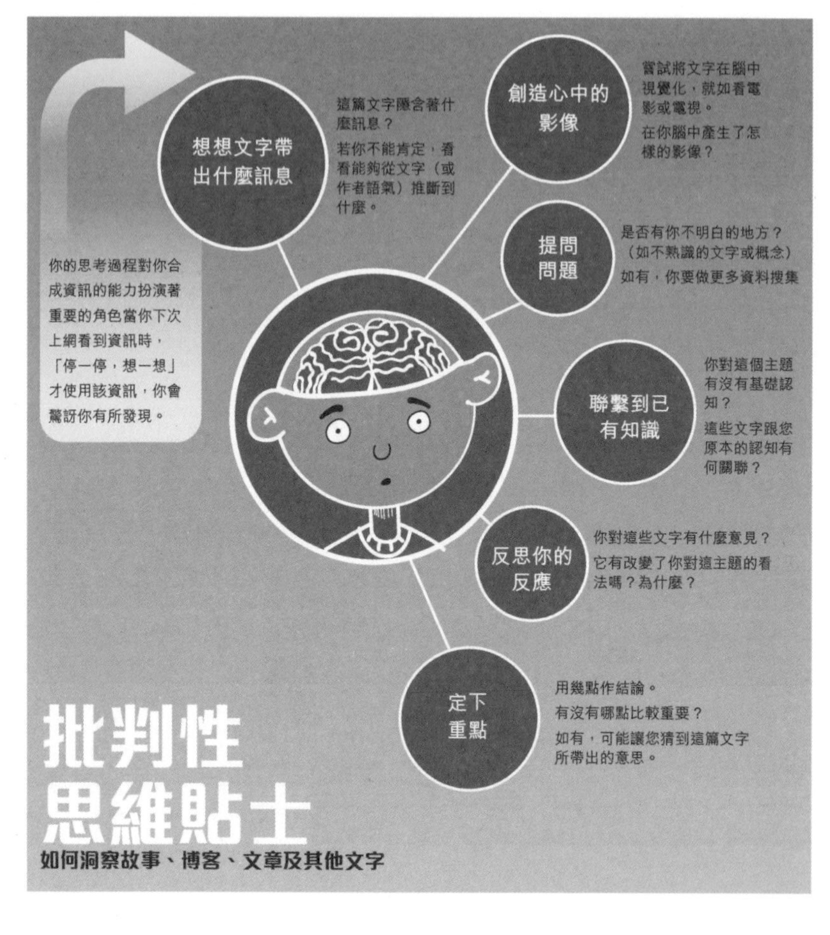

圖片來源：GCL Global

再一次記住，HOT 的「分析力」的公式是：

分析力＝信息合成力＋批判性思維

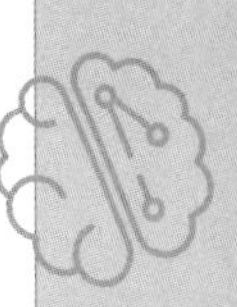

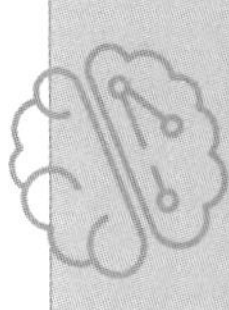

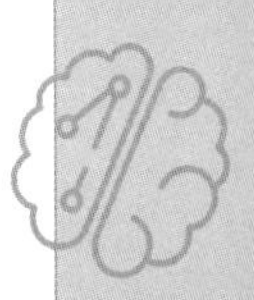

HOT 第五級的評估（Evaluate）技能

「評估技能」（Evaluation Skills）其公式：

評估技能＝邏輯思維＋系統思維

評估是對一件「東西」（Subject）進行批判性的檢查，直到您有一個立場（Take a Stand）。您可以評估任何東西：一個節目好看與否，一個項目是否可行，您的朋友是否是真正的朋友等等。良好的評估技能可以區分事實與謠言，新聞的真假，應該或不應該做什麼。

問題是，如果評估沒有良好的邏輯思維和系統思維來支持，那麼評估的質量就不會好，得出的決策質量也不會好。

§ 評估力之一：邏輯思維（Logical Thinking）

有這樣一個故事：

一個老人家問一個年輕人：「有兩個人從高大的煙囪裡掉下去，一個滿身髒，一個很乾淨，誰該先洗個澡呢？」年輕人說：「當然是滿身髒的人！」

老人家說：「您錯了！滿身髒的人看著很乾淨的人想：我身上一定也是乾淨的；很乾淨的人看著滿身髒的人想：我身上一定也是滿身髒的。所以，是很乾淨的人會先去洗身體！」

老人家接著問：「兩個人後來又掉進去高大的煙囪，這次誰會去洗澡呢？」年輕人說：「當然是那個很乾淨的人！」

老人家說：「您又錯了！您見過兩個人從同一個煙囪掉下去，其中一個乾淨，一個髒的嗎？」

這故事是鼓勵人們思考要合乎邏輯。

「邏輯」一詞來自希臘語，意思是「理性」。具有邏輯思維的人根據事實數據做出決定；相反，沒有邏輯思維的人會根據自己的情緒做出決定。

卡爾阿布雷希特博士（Dr. Karl Albrecht）在他的《大腦建築》一書中說：「*所有邏輯思維的基礎都是順序思考*」。這種思維過程以「鍊」（Chain）的形式和步驟進行，也就是說，它基於因果（Cause and Effect）如何接連來進行思考以得出結論。

邏輯思維使孩子理解數據和事實之間的關係，從中建立自己的知識和見解，並得出結論。邏輯思維的訓練使人「更聰明」，當孩子遇到問題時，不會匆匆回答「我不知道！」或「這太難了！」，它引導他們使用更深層次的思考來理解事實，並通過自己的「腦力」找出答案。

幾乎所有人都有一定程度的邏輯思維能力，我們從每天與人交往時無意地學習到邏輯，例如我們大多數人都同意以下是合乎邏輯的結論：

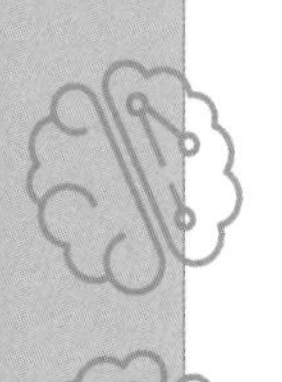
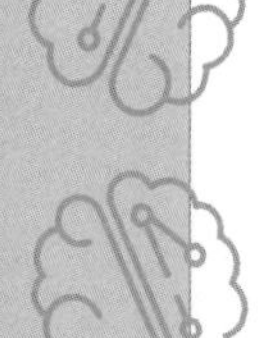

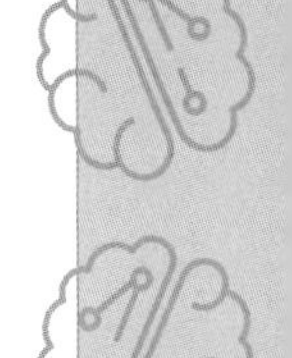

- 既然所有人都是凡人（就是有一天會死），而我是人，那麼我就是凡人。
- 要獲得碩士學位，學生必須擁有三十二個學分。彼得有四十個學分，所以彼得將獲得碩士學位。
- 所有的鳥都有羽毛，麻雀是鳥，所以麻雀有羽毛。
- 在結冰的街道上行駛是危險的。街道現在結冰，所以現在開車很危險。
- 紅肉中含有鐵質，牛肉是紅肉，所以牛肉中含有鐵質。
- 所有汽車都至少有兩道門，豐田汽車是一輛汽車，所以豐田至少有兩道門……等等

但是有一些似乎合乎邏輯的結論，當我們深入思考後，它們似乎是錯誤的，例如：

- 從地球上看，新的一天太陽總是從東方升起；明天是新的一天；明天太陽將必定從東方升起。

實際上，有兩種常見的邏輯類型。前幾個例子是「**演繹邏輯**」（Deduction Logic），「太陽從東方升起」的例子是「**歸納邏輯**」（Induction Logic）。

「演繹邏輯」的特點是前提條件是真的時候，則後者的答案必定是真的。就像在數學中，如果 A ＝ B 和 B ＝ C，那麼 A 必定＝ C 一樣。但「歸納邏輯」不同，它得出的結論**未必**是真的，不是百分百，歸納邏輯得出的結論只能用於論證或預測，如上面「太陽從東方升起」的例子，雖然我們所有人都相信「明天太陽從東方升起」，但基於邏輯，它仍然不是 100% 絕對的。

人們總是將「歸納邏輯」與「演繹邏輯」混淆，讓我們再來看兩個例子：

- 珍妮早上七點離開她的家，她總是準時回到學校。因此，如果她今早七點離家，她將不會遲到上學。（即使珍妮今早準時七點離家也可能會遲到！例如，因為交通阻塞。）
- 彼得向他的朋友拉里展示了一個大鑽石戒指，彼得告訴拉里他將會和瑪麗訂婚。因此，拉里認為這戒指必定是彼得買給瑪麗的。（事實上，彼得買鑽石戒指是為了長線投資，而不是買給瑪麗的，而更糟糕的是，拉里馬上把這個「好消息」告訴了瑪麗！）

許多日常的例子，可以看到人們不知不覺地錯誤使用「歸納邏輯」來爭辯[6]，引起很多不必要的誤會：

- 每當您吃花生，您的喉嚨會發癢，無法呼吸。所以，您一定是對花生過敏！

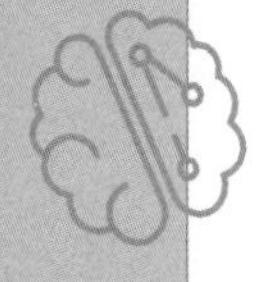

6 在現實生活中，我們常常稱讚人們「理性」，但很少讚美一個人的「邏輯」。「理性」和「邏輯」是不同的，人們可以很容易混淆。

理性的人是他 / 她在決策中不依賴情感或感情的人。例如，法官「理性地」判決，因為他們不能依賴或追隨他們的情緒。理性是一種美德，它使一個人以有序的方式思考和行為，理性的人也是被他人認為是合理的人，他們也被認為是聰明和成熟的，因為他們能夠在做出決定之前看到問題的各個方面。

但是，一個合乎邏輯的人是基於一系列「因果關係」來看待問題並找到解決方案的人。一個有邏輯的人被視為具有科學頭腦，他的行為和決定是基於事實。擅長數學和科學的人通常被稱為「邏輯人」，但有時他們可以被視為不體諒，因為他們不會在決策中看待人們的感受，他們有很好的論據，但往往缺乏對事物的整體看法，不像理性的人可以結合邏輯和合理的優點。

- 每當孩子們在那所房子裡的臥室玩耍時，他們都興奮得大聲喊叫。我現在聽到孩子們在那所房子裡大喊大叫，他們一定是在臥室裡玩耍！
- 約翰的父親是一名出色的足球運動員，約翰的母親是一名出色的游泳選手。所以，約翰一定非常喜歡運動！
- 我看見幼兒園裡的孩子都喜歡玩樂高積木（Lego）。因此，我的孩子一定喜歡樂高積木！

訓練我們的邏輯思維可以避免陷入以上的「邏輯陷阱」，無論是在學校還是在工作場所，都可以幫助我們進行做出更有效的決定，例如：

- 在制定廣告策略之前，進行市場調查以測量消費者對新產品的反應。
- 根據對公司最具生產力的銷售代表的質量進行評估，為新的銷售代表制定招聘簡介。
- 在為員工設計培訓之前，按餐廳客戶的反饋數據分析評論。
- 分析成功團隊領導者過去的領導行為，決定由誰成為團隊領導者。
- 在改變員工薪酬計劃之前，分析離職員工面試的數據。
- 評估潛在選民的熱門問題、制定競選口號等等。

§ 評估力之二：系統思維（System Thinking）

彼得．聖吉（Peter Senge）在其著名的著作《第五學科》（*The Fifth Disciplines*）中將系統思維定義為「*一種思考方式，以及描述和理解形成系統行為的力量和相互關係的語言。*」這意味著系統思維不僅可以幫助您思考，還可以幫助描述您的想法，清晰地傳遞給他人。彼得還說，「*人類面臨的大多數問題都與我們無法掌握和管理世界上日益複雜的系統有關*」，他再次強調系統思維在這個數據時代的重要性。

您們可能很少聽過「系統思考」這個詞，系統思維與我們常用的思維方法不同，它不是線性的，而是像一個「網絡」（Network）。在一個充滿複雜性的時代，線性思維（Linear Thinking）是已經不夠，有時甚至可能是危險的，通用汽車（General Motors）是一個很好的例子。

二零一四年，通用汽車發布了歷史上最大的汽車召回之一，涉及超過2,700萬輛汽車，汽車點火開關的問題導致至少十三人死亡，通用汽車損失至少十二億美元。但是在召回之前至少十一年，這問題已經不斷在通用汽車內部討論，但沒有引起公司內部的認真關注。為什麼會這樣？雖然有很多的猜測，但調查人員在召回後提交的報告中指出，原因是通用汽車「未能很簡單地了解汽車是如何建造的」！

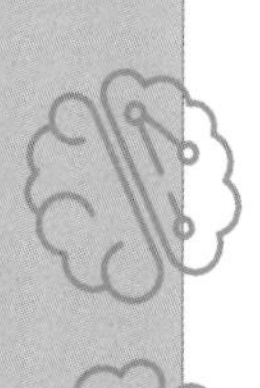

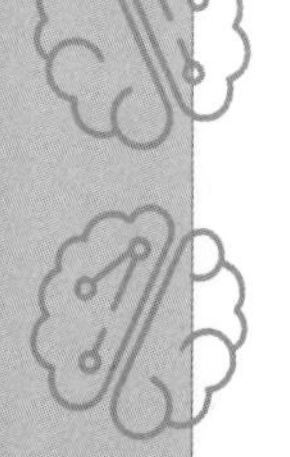

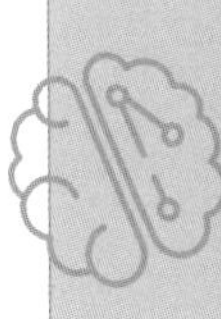
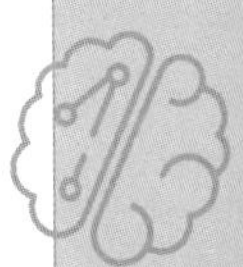

換句話說，導致死亡的災難性錯誤是由於通用汽車公司的各部門沒有看到這個問題實際上是「一整個的問題」，並不是每個單一部門的問題，應該把所有問題連在一起形成一個「系統」（System），進行分析和評估。

系統思維就好像一個「窗口」，讓我們看到事物的複雜性。像使用望遠鏡（而不是顯微鏡）觀察太陽系一樣，只有通過這個「窗口」望遠鏡，我們才能看到整個太陽還有其他行星，以及它們與太陽和地球的關係，這思維幫助牛頓（Newton）理解地球如何圍着太陽移動。

系統思維

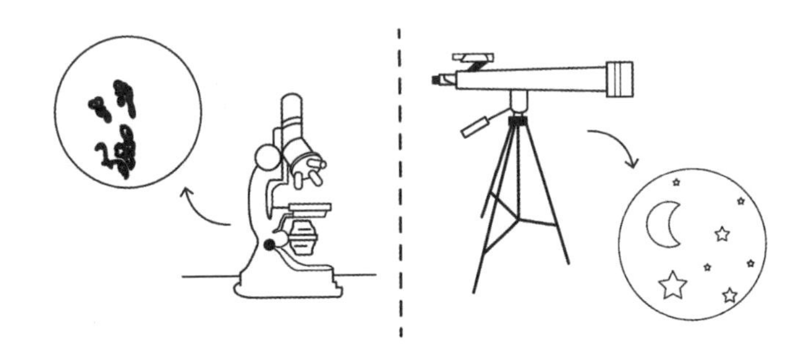

有人說超過 95% 的人，他們的思維都是「事件導向」的，只會看到問題的一部分，零碎地來確定其解決方案。舉個例子，試圖解決地球污染的問題時，「事件導向」思維的會想到「唯一」的解決方案是通過法律懲罰，但我們都知道這種解決方案在過去的四十年裡已被證明是失敗的。

系統思維以不同方式組織問題，它將人類的動機看作一個系統，一個「動機系統」（System of Motives）。在這個系統中，有正面和負面的動機，解決問題必須看到整體的動機，不只是它的一部分。通過法律只懲罰系統中的「消極動機」，而系統中的「積極動機」力量沒有利用。也就是說，如果給予人們某些好處（「積極動機」），可以改變行為，這種改變將會更持續。我們可以看到系統思維讓您看到一張更大的圖畫（Bigger Picture），了解問題的不同元素和他們之間的關係。

系統思維是可持續發展的重要工具，因為我們生活的地球本質上是一個系統。地球上的所有部分——水、空氣、土壤和我們人類——都是相互聯繫並相互影響的，如果環境問題被孤立地處理，那麼它就永遠無法有效地解決，使用系統思考來研究總體性可以幫助找到問題的所有來源，並利用系統中所有相互關聯的部分來設計解決方案。

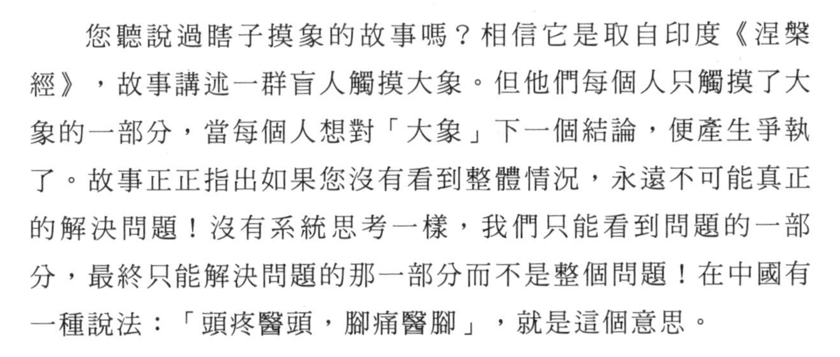

您聽說過瞎子摸象的故事嗎？相信它是取自印度《涅槃經》，故事講述一群盲人觸摸大象。但他們每個人只觸摸了大象的一部分，當每個人想對「大象」下一個結論，便產生爭執了。故事正正指出如果您沒有看到整體情況，永遠不可能真正的解決問題！沒有系統思考一樣，我們只能看到問題的一部分，最終只能解決問題的那一部分而不是整個問題！在中國有一種說法：「頭疼醫頭，腳痛醫腳」，就是這個意思。

HOT 第六級的創造（Create）技能

「創造技能」（Creative Skills）其公式：

創造技能＝創造性思維＋問題解決和決策能力

§ 創造力之一：創造性思維（Creative Thinking）

為什麼現在的學校如此關注「創造力」呢？「有創意」究竟是什麼意思？

「創造力」有許多不同的定義。羅伯特•斯特恩伯格（Robert Sternberg）的定義是「**具有創造性是能夠產生一種原創且具有價值的創意（或產品）**」。

創造力在工作中也至重要，像微軟（Microsoft）這世界著名公司認為能夠「跳出盒子的想法」（Think Outside the Box）的員工是重要資產，他們幫助企業克服挑戰和尋找新機會，成為業務成功與失敗之差異。

許多人認為創造力是一種天生的能力，事實並非如此，創造力是一種可學習的行為，需要訓練和實踐，即使是具有創造性思維的天才仍然需要學習才能成為創造者。

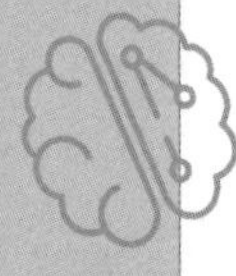

以下一些是訓練和評估創造力的工具，來試試吧！

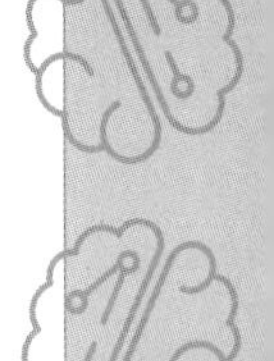

1. 替代用途（Alternative Use）

這款簡單的工具由古爾福德（J.P. Guilford）於一九六七年開發，它提供兩分鐘時間給您來思考日常的物品（如椅子、咖啡杯或磚塊），列出其盡可能的用途，從而延伸您的創造力。以下是「紙夾」（Clips）的示例：

髮夾
袖扣
耳環
迷您長號（horn）
耳機紮線
書籤……等

如果您能想到十個或更多的用法，那麼您可能是一個高於平均水平的創意人！

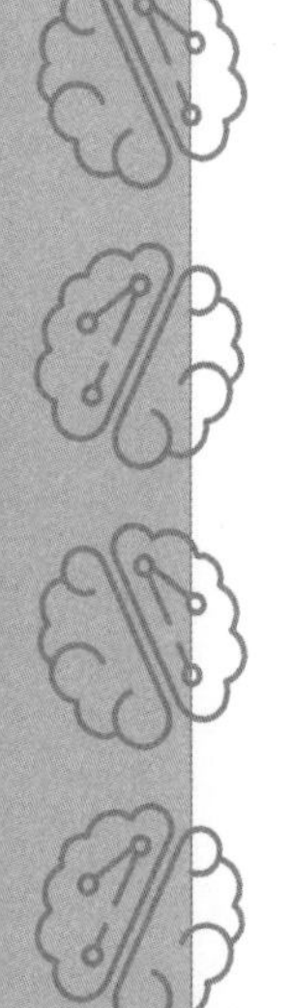

2. 不完整的圖（Incomplete Figure）

由心理學家埃利斯保羅托蘭斯在六十年代開發的托蘭斯創造性思維測試（TTCT），是基於「不完整的繪畫」原理。此測試首先為您提供一個形狀，然後要求您在圖紙中完成它。以下是兩個例子：

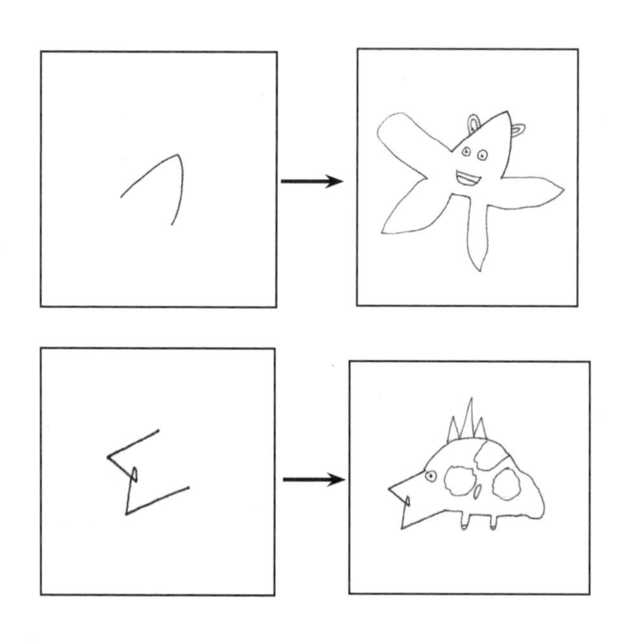

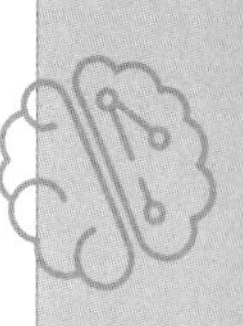

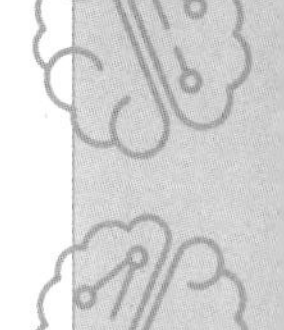

3. 謎語（Riddles）

「一個沒有鉸鏈、鑰匙或蓋子的盒子，裡面藏著金色的寶貝。它是什麼？」似乎沒有答案？突然間，答案突然傳來：「啊哈！這是一隻雞蛋！」

心理學家使用謎語來衡量解決創造性問題的潛力。與「替代用途」測試不同，這裡的目標是得出一個正確的答案，而不是盡可能多的答案。最近的一項研究顯示，練習謎語可以讓人們更有創意，因為答案視乎想像能力的高低。

4. 遠程關係（Remote Associates）

在這個測試中，給出了三個不相關的單詞，例如「墮落」、「演員」、「灰塵」，它要求您提出連接所有三個單詞的第四個單詞。

一個可能的詞是「明星」，連接三個詞他們將成為「流星」（a falling star）、「電影明星」（a movie star）和「星塵」（star dust）。

5. 蠟燭問題（Candle Problem）

這經典的問題測試是一九四五年由心理學家卡爾·鄧克（Karl Duncker）開發的。您會得到一支蠟燭、一盒圖釘和一盒火柴，您能否把一支點燃的蠟燭貼在牆上而使它不把蠟滴到下面的桌子上？

這項測試挑戰了您的認知偏見，解決方案如下所示。

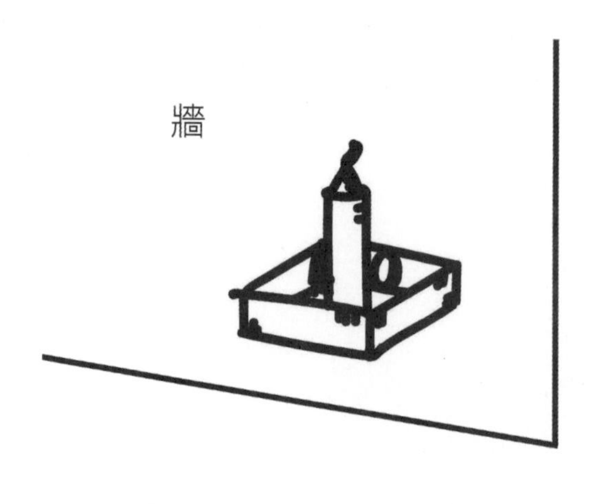

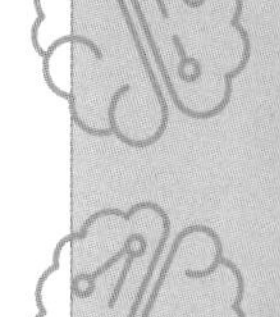

6. **打破常規思考（Out-of-The-Box Thinking）**

這個測試需要您偏離被認為是常識的東西；傳統的，先入為主的觀念：「九點問題」。

在下面的圖（A）中，九個點以正方形的形式排列，要求您將四條直線所有這些點連接，連線時筆不能離開紙張，連線不能重複。解決這個問題的關鍵是您是否意識到您可以在方形區域之外畫線，換句話說，這種創造力在於先消除您的主觀思想。

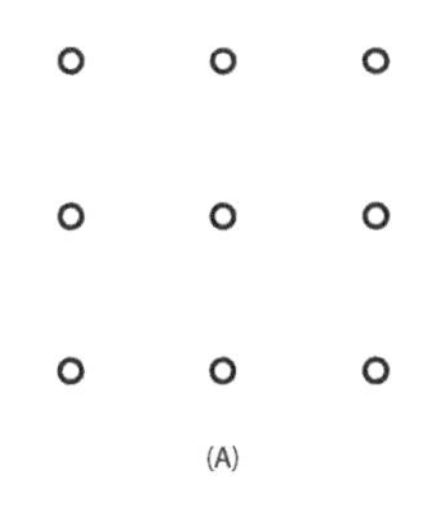

(A)

答案：

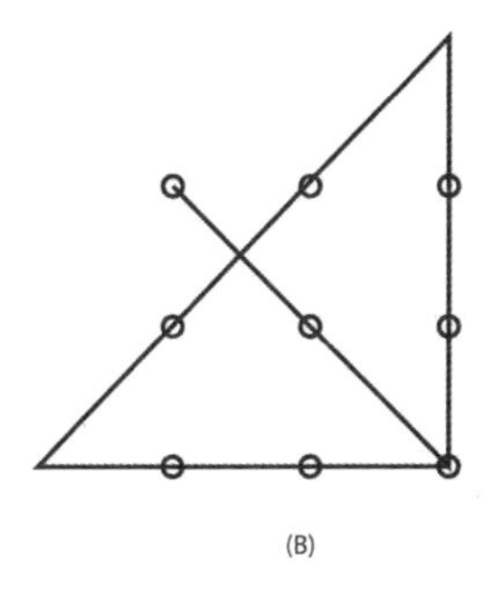

(B)

創造力的另一個例子是 HondaJet，它採用了翼上發動機設計，與當時的行業慣例背道而馳呢！

Source: By Sergey Ryabtsev - http://www2.airliners.net/photo/Honda-Motor-Company/Honda-HA-420-HondaJet/0925641/L/, GFDL 1.2, https://commons.wikimedia.org/w/index.php?curid=16396101

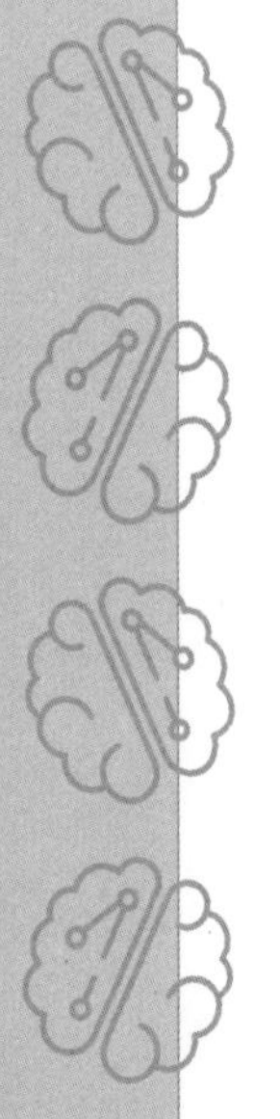

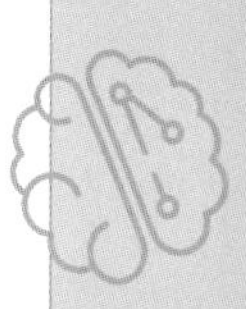

真的可以看到「創造力」嗎？

有這樣一個故事：一個代表團訪問了美國各地的學校，參觀了芝加哥的一所大學預科高中。在工作人員的歡迎儀式之後，該代表團領導人提出了一個要求：「*我們真正想看到的是您的『創造力課室』，我們可以先參觀那兒嗎？*」

是否因為我們看不到創造力，我們就無法訓練它？從某種意義上說這可能是真的，它只能通過它創造的東西看到，但有一些方法可以檢驗創意的。托蘭斯（E. P. Torrance）建議可以在以下四個方面證明創造和創新能力：1. 流暢，2. 靈活性，3. 闡述，4. 原創。

「流暢」是穩定地產生新想法的能力。「頭腦風暴」（Brainstorming）是一種常用的工具，通過刺激和收集一群人的想法，以可持續的方式促進創造力。

「靈活性」是指做出改變以適應新想法的能力。一個有趣的例子：是人們抱怨電梯太慢，而不是改變或提升電梯的能力。一個創意的方法是在每層樓電梯外面的牆壁上安裝鏡子，當大多數人全神貫注地看著鏡子裡的自己，不知道時間過去，抱怨便停止了。

「闡述」在定義細節、裝飾上，進行最後的微調。通過精心製作的過程，我們得到了一個精緻的產品或更好的解決方案，它就像一條精緻的圍巾，結合活力與實用的元素。同樣，在演講中多使用一些單詞和形容詞，信息會令觀眾更難忘。

「原創」是獨特性。獨特的產品新穎、非凡、與眾不同，脫穎而出！製作雞尾酒是一個好例子：您可以使用無限的創造力來創造無限的雞尾酒，每種雞尾酒品味和色彩都是獨一無二的。

如果您的孩子表現出以上所有特徵，恭喜您！他／她絕對是一個富有創造力的人！踏入廿一世紀，創造力和創新力被稱為「未來的基本能力」，在學校沒有「創造力課室」，不表示我們無法訓練它，我們必須設法向孩子們灌輸創造的思維。

創造力在工作場所也很重要。如果可以將創造性思維應用到工作中，您將能夠取得更豐碩的成果，這不僅適合初級員工，也適用於經理級。如今，許多公司都在努力創造鼓勵原創思維的工作環境，以釋放員工潛在的創造力：開明的主管和老闆、開放工作文化等等，可以巧妙地調整人的思想，釋放創造力。

那麼，如何培養創造性思維？首先，創造是一個過程（Process），如果理解並實踐它，可以訓練您的創造力。

- 首先，圍繞相關主題進行廣泛的研究；
- 然後，讓這些信息留在大腦中滲透一段時間；
- 然後，花一段時間努力專注於尋找新的數據，進一步對問題的理解；
- 最後是放鬆，讓大腦的潛意識組織並理解這一切，創造了新的想法。

上面最後一點，有人可能會問為什麼叫「放鬆」？人們通常會認為「放鬆」不好，等於「懶惰」，是大家認定的真理。

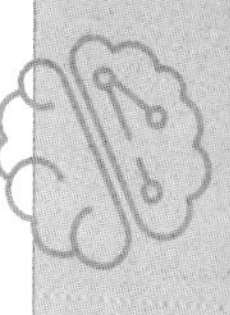

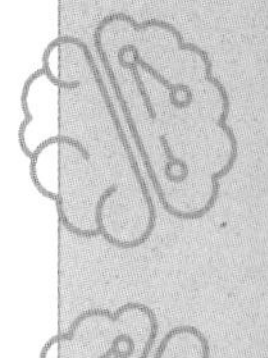

但其實您有沒有想過「放鬆」可能是創新的源頭？舉凡人類歷史上偉大的發明都來自於人們放鬆而引發，所以放鬆不一定是壞事。因此，按照上面的創造思維過程，加上知道如何「放鬆」，將會幫您學習如何創新，找到自己的優勢。您知道嗎？對大腦的最新研究證明，減少工作時間並不只會令您更健康，您也會變得更聰明。

您可能聽過這樣的說法：「一味的工作使傑克成為一個沉悶的男孩。」（All work and no play makes Jack a dull boy）。有趣的是，這正是我們當今許多人的現象，在商業世界中超時工作仍被視為成功之路。根據最新的神經科學（Neuroscience）研究結果顯示，沒有適當放鬆會使您的大腦「沉悶」，相反，放鬆有助釋放創造力。這意味著工作狂將來會面臨更高的失業風險，因為沒有創造力，您根本無法為您的工作創造價值！

如果您害怕自己沒有其他人那麼有創意，您必須先了解創造力的等級。並非所有的創意都是真正的創意，事實上它可以有不同的層次。您的一些創意可能只在底部，如下圖所示，但有些可能位於頂部。

衡量創造力的不同程度稱為「創造力分類法」（Taxonomy of Creativity），基於「形式」（Form）和「內容」（Content）維度的量值，從最低層的「模仿」到最高層的「原創」：

模仿（Imitation）

「模仿」是先前作品的複製。這是畫家畫她自己的蒙娜麗莎，或者是爵士音樂家演奏一些偉大樂師的作品，或者是抄襲他人說過的話，把它放在自己的作品中。嚴格來說，模仿並不是一種創造，但我們常常看到人們稍微改變別人所做的，便聲稱為自己的創作。

變異（Variation）

通過修改先前存在的作品，「變異」從「模仿」向前邁出了一步。這就像音樂表演，增添了一些新的音調和音符。「變異」不會改變原始作品的身份，但在「內容」或「形式」中產生一些新的火花。

組合（Combination）

「組合」是兩種或更多種原創作品的混合，改變其「形式」和「內容」。例如 Smart Phone 是手機和電腦的結合體，它將兩件事物結合在一起，創造出一種全新的東西。

轉型（Transformation）

「轉型」將作品從一種媒介或模式轉換為另一種作品，它是以「形式」或「內容」創新，但仍然保留了原作品的核心本質。例如，數據可視化（Data Visualization）將數據換為圖形圖表，儘管其「內容」沒有改變，但「形式」完全改變了。一齣劇同樣將書面故事從口頭形式轉變為視覺形式；又例如 synthesizer，它改變了音韻的排序，但保留了原始歌曲的旋律。「轉型」從根本上重塑了我們展示創意作品的方式。

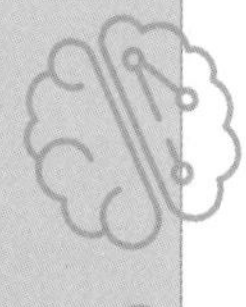

原創（Original Works）

最後，「原始創造」是創造以前沒有的東西。許多人認為世界上並沒有原創的東西，只有許多其他形式低級創作的累積效應。

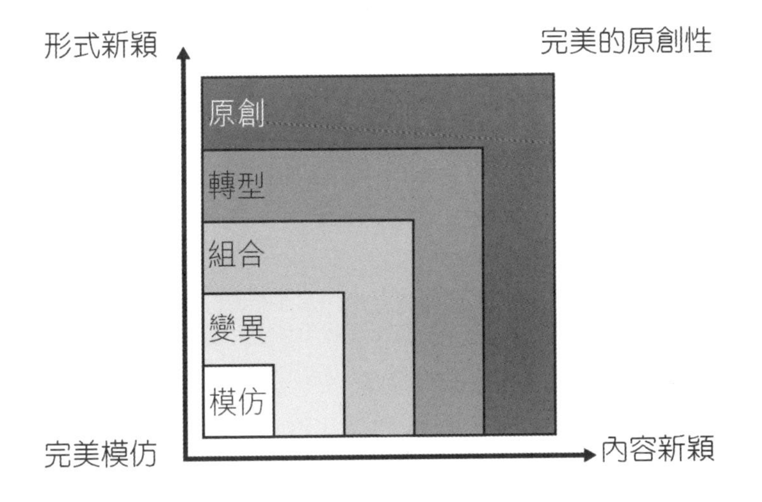

這可能是真的，但是從人類歷史，我們確實看到了一些對我們來說完全陌生的東西。當埃菲爾（Eiffel）為巴黎的塔樓（Eiffel Tower）制定計劃時，他以全新的方式設計了建築物；或像酷什球（Koosh Balls）這樣的玩具似乎完全從不知名的地方出現，可以說是「原創」的例子。

當今智能手機的例子，您可以想像有成千上萬的創意人員在幕後工作，從代碼編寫，應用程序開發到銷售人員，他們共同創造了一個曾經無法想像的東西，一個任何世紀最偉大的發明。

著名的心理學家米哈里・齊克森（Mihaly Csikszentmihalyi），他首先確定了「流動的精神狀態」[7]，寫了一本名為《創造力：

7　「精神流動心流」（mental flow）指的是一種高度集中的精神狀態，一種受當前活動完全吸引或吸收的狀態。 當人們處於如此專注的狀態時，對他／她來說，沒有別的比當前的東西更重要。在這種精神狀態下，人們通常會有一種奉獻，參與和滿足的感覺。

流動和發現與發明的心理學》的書，他將創造力描述為「*我們生活中意義的核心來源。……大多數重要和有趣的事物都是創造力的結果……*」創造力並不局限於傳統的「創造性」活動，例如繪畫或寫作，創造力是全人類所需要的，無論您是哪個行業或工作。

那麼，我們所有人都可以有創意嗎？答案是肯定的，您年幼時沒有看到孩子的創造力嗎？他們如何創造玩具的新玩法？事實是，如果我們長大後仍然被鼓勵去探索，提出問題並保持好奇心，那麼創造力仍將伴隨著我們。不幸的是，當我們成為學生時，我們天生的、豐富的創造力將逐漸減弱，我們的教育不鼓勵提問，好奇的孩子被視為不服從紀律，是麻煩製造者，甚至是愚蠢。

我們在成長過程中失去創造力的另一個原因是我們學會如何「順從」，要與其他人一起生活和相處，您必須遵循大多數人接受的規則和價值觀。被稱讚為「好孩子」往往是那些從不提出問題和那些從不與他人爭論的人。另一方面，通常有創意的人也是一個難以預測其行為的人，這是人們不喜歡的。

學校在教導「順從」方面特別可以說是非常成功：課堂上只有一種正確的行為，每一個問題只有一個正確的答案，只有一條通向成功的道路等等。在考試期間，那些能夠逐字逐句地寫下課堂上所教授內容的學生，或能夠寫下「模範答案」的學生，獲得高分，而不是那些給寫出創意答案的人。這種情況在大學有時甚至更糟，我們被教導在提出我們每一個「自己的意見」時，必須引用某人說過的話參考，並且我們被教導永遠永遠不要質疑我們教授的智慧和終極知識！

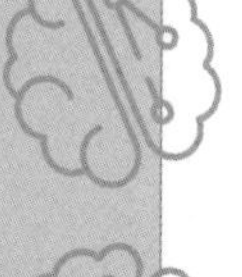

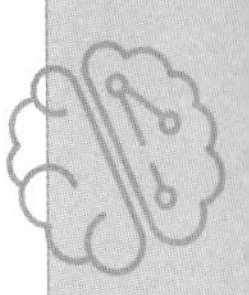

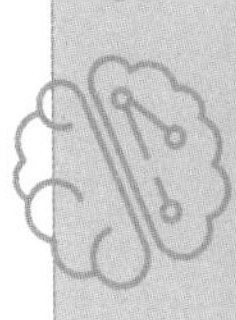

最終，通過這個從初中到大學的漫長教育旅程，我們「成功地」忘記了我們原有的創造力！這是多麼偉大的成就！

請不要誤會上面所說的是胡說八道，沒有證據支持。一個著名的例子是 NASA（美國宇航局）聘請喬治．蘭德博士（Dr. George Land）和貝絲．賈曼博士（Dr. Beth Jarman）一九六八年對 1,600 名兒童進行的創造力測試，測試的對象是一群三到五歲的兒童，測試的方法是給他們一個問題，並要求他們找出一個創新的解決方案。

測試結果顯示，在五歲時，98% 的孩子得分處於「天才水平」，換句話說，他們在提出解決問題方法方面的創造性和獨創性極高。但到他們十歲時，這百分比急劇降到只有 30%，到十五歲時，只剩餘 12% 的孩子創造力仍然保留在「天才水平」。更糟糕的是，當廿八萬平均年齡為三十一歲的成年人進行類似的測試時，只有 2% 達到「天才水平」的創造力！

這是一個令人沮喪的事實，表明當我們長大後，失去了天賦的創造力！因此，**唯一方法是通過學習從新再獲得它**。獲得創造力不僅是我們生活和工作所需，也是體驗真正充實和幸福生活的元素，正如米哈里・齊克森所說的。

最後，以下是一個關於創造力的學生自白，值得我們深思（翻譯後的版本）：

很多人都寫過關於改變教育的方法，但如果我們忽略了學生的聲音，它有什麼好處呢？

過去的歲月持續，一些學生畢業，一些不及格，一些輟學，沒有真正的變化。教育系統讓我想起一個不願下台的獨裁者。

我知道沒有一個教育體係是完美的，我相信它們在世界各地都是一樣的。我們被教導如何記憶，學習測試，我們都忘了我們學到的東西。

我強烈認為我們在學校的方法論正在摧毀創造力。學生已經失去了創作能力，因為我們的教學方法不會刺激創新和創造力。

還記得小時候嗎？沒有人告訴您如何運用您的想像力或教會您如何發揮創造力。您使用 LEGOS 來製作各種各樣的東西；您想像自己是一名宇航員在太空中旅行……我們天生具有創造性，我們問「為什麼草是綠色的？」和「『人』是什麼意思？」這樣的問題，即使成年人也覺得難以回答。

然後來到學校，是孩子最糟糕的噩夢。老師會告訴您停止做夢並回歸現實，那麼您在學校學到了什麼？您學會了停止質疑世界，順應潮流，每個問題只有一個正確的答案。

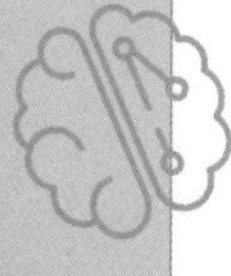

在廿一世紀，世界需要具有創造性和批判性思考的學生。隨著技術的發展，我們將讓機器人為我們完成所有基本工作。我們的使命是確保下一代充滿發明家、音樂家、畫家、數學家，反過來將人性帶到另一個層次。

但我們的學校有做這些嗎？

解決問題和決策（Problem-solving and Decision-making, PSDM）

「解決問題」（Problem-solving）和「作決定」（Decision-making）是我們生活兩件不可少的事情。兩件事情實際上是同一件，因為要解決問題，我們必須做出決定；如果沒有做出決定，問題將無法解決（除非這些問題不是真正的問題）。

在您的日常生活中，您可能會遇到許多「小問題」要做出決定，例如：

- 今天上班應該穿什麼的衣服？
- 下雨天我應該乘坐地下鐵或公共汽車上班？
- 午餐應該吃三文治還是沙律？

較大的問題可能也不少，例如：

- 我應該買一套新房子嗎？
- 我應該繼續讀書，還是找一份工作？我應該轉工嗎？
- 我可以和他／她共度一生嗎？

我們日常的問題，即使是一些小的，對某些人來說也可能是個大問題，他們可能無法面對和作出決定，生活因此會停滯不前。良好的解決問題和決策技巧（PSDM Skills）可以幫助我們更好的面對生活，如果孩子還在求學階段時獲得良好的PSDM技巧，可以幫助他們更順暢的過渡到大學階段，在未來社會取得成功，因為那時候他們必然將面對更多的問題，需要自己解決。

§ 怎麼做決策？

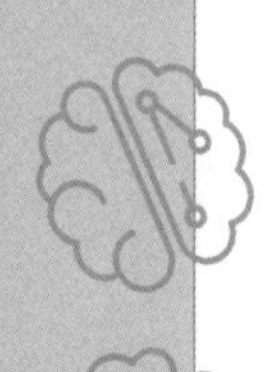

決策是通過權衡所有其他替代方案和可能性，得出結論的行動。我們的孩子所做出的決定影響他們與他人的關係以及將來是否成功，畢竟，他們必須對自己的決定負責，不是您或我可以取代的。

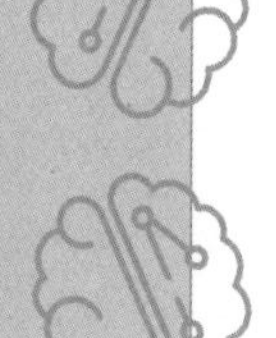

孩子們經常通過觀察父母來學習他們的技能，從他們聽到的結論中得出結論。學習**PSDM技能**的一個關鍵問題是孩子是否會被**容忍犯錯**，我們都知道在學習過程中犯錯是不可避免的，但我們很少允許孩子這樣做，因為害怕犯錯，我們經常為

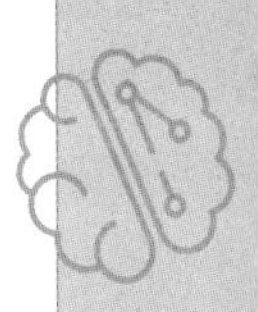

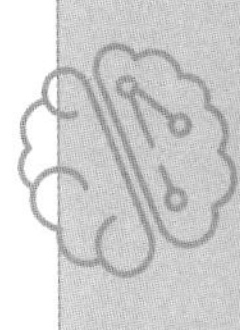

孩子做出決定：應該入哪間學校，應該學習哪個學科，應該有哪些愛好，應該看哪部電影，應該吃什麼食物，應該做什麼類型的運動等等。結果是他們學會如何服從，而不是學會嘗試。

當您的孩子還年輕時，您不會指望他們自己解決每一個問題，他們需要父母的指導，鼓勵您的孩子嘗試參與決策將幫助他們逐步發展自己的 PSDM 技能。

以下的步驟是學習 PSDM 的指南。請記住，最好在您的孩子感到平靜和放鬆時開始，從一個您知道可能會取得一些成功的問題，創造孩子的滿足感作為一個開始。

1. 確定問題所在

這一步可能很困難，因為孩子們並不總是能夠告訴您他們的感受或確切地知道問題是什麼。尋找合適的地點和時間來幫助他們開始談論它，使用積極的傾聽技巧讓他們感覺自己被理解和支持，然後嘗試讓他們描述問題，根據您的理解重複問題，然後與他們確認。在這個階段，記住不要急於解決問題，這一步只是為了定義問題，以及它是多麼重要。

2. 嘗試解決方案

一旦了解問題是什麼，與您的孩子一起生成一些解決方案，頭腦風暴兩個或三個解決方案是一個好的開始，因為對孩子來說似乎更難以解決。有時他們可能還無法生成自己的解決方案，您應該通過這樣的問題激發他們的思考：「您認為我們能做什麼？」「您認為其他人在面對同樣的問題時會做些什麼？」

一旦確定了選項，可以決定首先嘗試哪一個，同意一些行動來嘗試解決，找出需要什麼樣的支持。

3. 檢查是否有效

您的孩子嘗試過該解決方案後，盡快一起看看它有用嗎？如果沒有，為什麼呢？接下來可以嘗試什麼？如果解決方案沒有成功，請記住給孩子支持和鼓勵。有時我們有正確的解決方案，但不是正確的方法，有時，我們可能需要返回第一步，看看問題是否被正確識別。

學會為自己做決定，孩子變得更加獨立和有責任，有助他們建立信心和自我，這是心理健康的重要部分。有健康的心理，孩子會學習得更好，有更強的人際關係，就能更好應付生活上的挑戰。

PSDM 不能離開創造性思維（Creative Thinking），為什麼？因為您需要有創造力，能夠產生足夠的替代解決方案，做出最好的決定。魚骨圖（Fish Bone Diagram），力場分析（Force Field Analysis）和漏斗技術（Funneling Technique）等等許多都是協助 PSDM 的好工具。

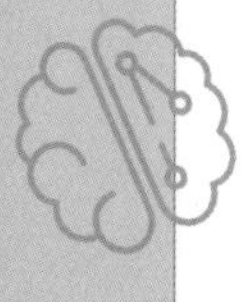

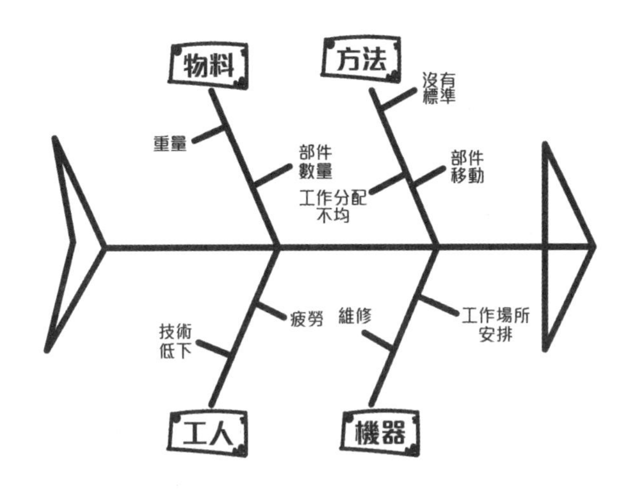

例子：魚骨圖（Fish Bone Diagram）用於問題根本原因分析

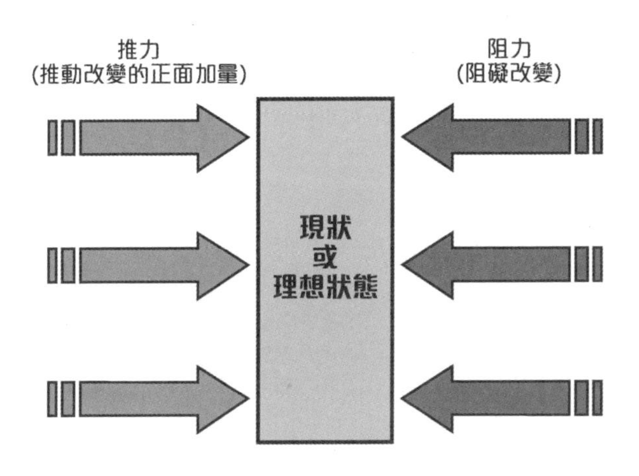

例子：力場分析（Force Field Analysis）用於變革管理

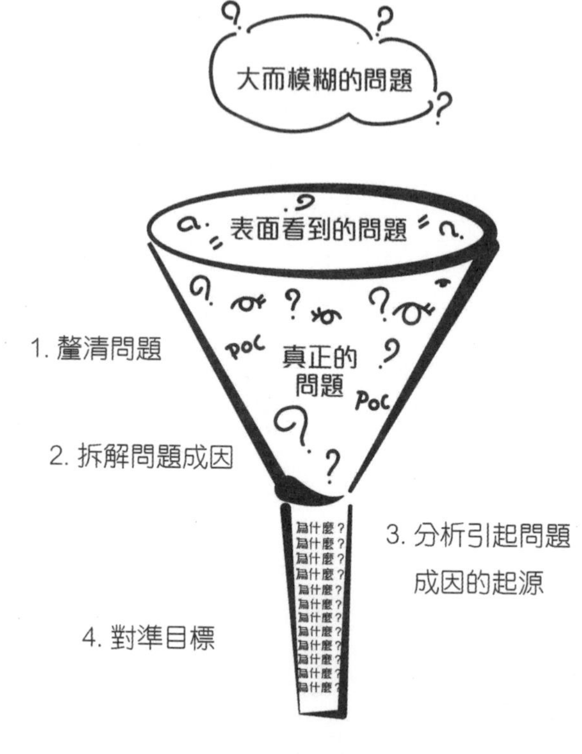

例子：漏斗技術（Funneling Technique）用於破譯複雜的問題

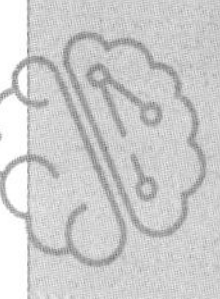
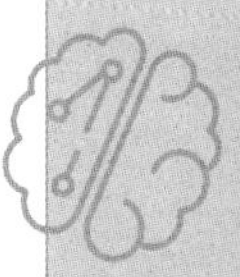
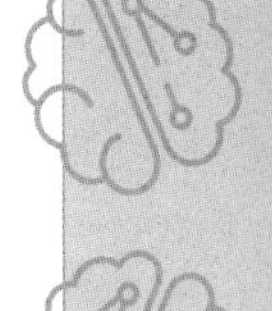

有人說決策來自於一個人的直覺，它不需要任何 PSDM 方法。例如，史蒂夫・喬布斯（Steve Jobs）談到一個人的直覺，說：「*最重要的是，有勇氣去追隨您內心的感受和直覺。*」

但「直覺」是什麼？難道不需要任何推理，只是基於個人本能的情緒反應嗎？

事實上，「直覺」是一個人的經驗、知識和推理的結合，只是在一瞬之間決策而已。當您處理重複或類似的問題，決策需要的時間越來越短，這並不等於您不需要對問題和解決方案有一定的認識，只是您需要更少的時間決策，這是我們對「直覺」的誤解。

費以民的思維能力表

HOT 級別	HOT 名稱	相關思考力訓練
第 4 級	分析 (Analyze)	信息合成力 (Information Synthesizing Skill)＋批判性思維 (Critical Thinking)
第 5 級	評估 (Evaluate)	邏輯思維 (Logical Thinking)＋系統思維 (System Thinking)
第 6 級	創造 (Create)	創造性思維 (Creative Thinking)＋問題解決和決策能力 (Problem-solving & Decision-making Skill)

L E S S O N
第 5 課
L E S S O N

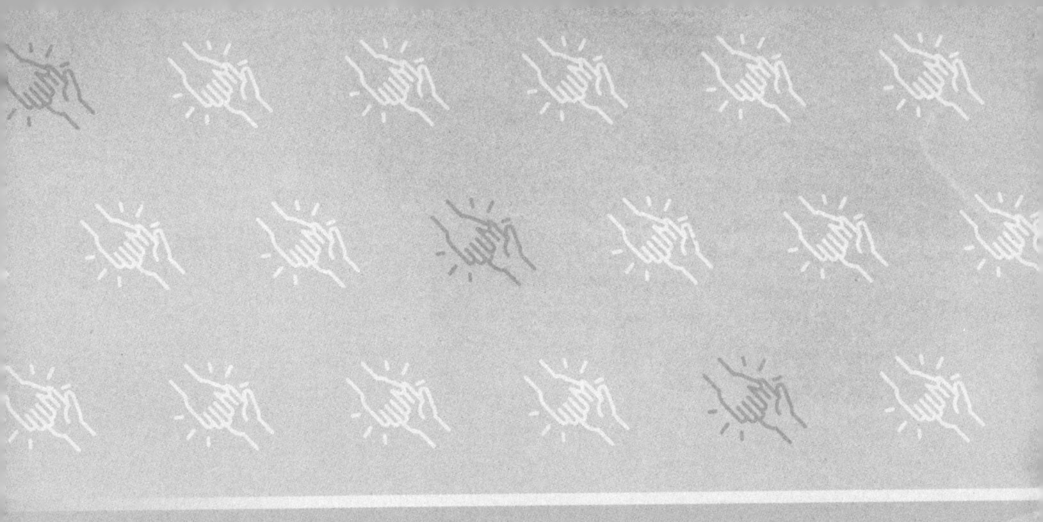

用 HOT 幫助孩子
建立自己的價值觀

終有一天，超級人工智慧必將實現，到那時候，人類有什麼值得保有的東西？人類獨一無二的價值是什麼？

——《AI 創世紀：即將來臨的超級人工智慧時代》

作為父母，有時我們會向孩子灌輸過多的價值觀（Values）。雖然所有的父母都不希望孩子成長為犯罪分子或不道德的人，但只有孩子個人所擁有的價值觀才能成為真正的價值觀。

價值觀和道德是一體的，這些是塑造孩子心靈的重要因素。批判性思維（Critical Thinking）有助於孩子們在接受價值觀之前作出獨立思考、檢查和接受，而不是父母強加的。只有這樣，孩子們才會「擁有」（Own）他們「自己的」（Own）價值觀，這些價值將伴隨他們一生。

世界現在處於危險之中，因為我們的孩子們每天都會接觸到許多骯髒的思想、錯誤的信念和不負責任的信息。由於缺乏批判性思維，人被愚弄和利用；如果沒有批判的能力，我們的下一代只會是愚昧的一代。

但價值觀畢竟是個抽象的東西，要怎麼傳達給孩子呢？又怎麼去選擇適合他們的價值觀呢？

§ 價值觀該怎麼教？

和我同一年代的，應該還記得《木蘭詩》這首敘事詩歌吧？「唧唧復唧唧，木蘭當戶織……」那時候，年紀還小，背是背熟了，其實根本搞不清楚它是什麼意思，只覺得學校這樣逼我們背書是很沒意義的。長大之後才知道，其中包含了豐富的傳統價值觀，除了孝順外，還有勇氣。只是，學校單純的讓我們以背誦的方法學習，成效當然不會好。

價值觀是無形的觀念，需要長期的影響才能形成，而其中父母的影響最大。孩子會從觀察父母的言行舉止，漸漸地發展出自己的一套價值系統，正所謂「言教不如身教」就是這個意思。

舉個例子，如果孩子看見父母常常通過取悅他人而獲得認同，迴避表達自己真實想法與感受，那麼孩子也會模仿這種虛假的做人方式。久而久之，他們對人際關係有高度的依賴，自己的身份只是建立在別人的看法上，缺乏自信和安全感，靠著別人的認同而生活。

發展心理學家哈里特・希思博士（Dr. Harriet Heath）在《給孩子正確的價值觀》這本書中，提到了價值觀教育的做法：

1. 父母先找出自己的價值觀。
2. 反省價值觀對您自己的意義。
3. 在子女面前行事為人，以價值觀作依歸。
4. 幫助孩子明瞭您的價值觀和您行為和決策的關係。
5. 了解孩子對價值觀的看法，及怎樣可以在生活上實踐。
6. 瞭解孩子建立價值觀的階段，加以開解及提供意見。
7. 在生活中抓住恰當的時機灌輸價值觀及調教他們的行為。

其中在第5及6點，孩子要利用批判性思維（Critical Thinking），來檢視這些價值觀，決定接受或不接受，又或決定那些比其他重要等等。如果沒經過這獨立思考的過程，那怕終有一天，他們會懷疑、甚至是反叛起來。

雖然價值觀也受學校同學和朋輩的影響，但研究顯示，如果父母與子女的關係越密切，其影響越大。通過父母在生活上的身教，可幫助他們在未來人生上做出正確的選擇！

§ 價值觀的選擇

現在的孩子比以往任何時候都更需要指導，他們周圍有太多的干擾會導致他們誤入歧途，孩子就像海綿，吸收看到或聽到的一切，父母有責任引導他們走上正確的道路。

《華盛頓郵報》的一篇文章指出，**現在的父母很少把價值觀當作教育孩子的重要一環**，不是歸咎太累，便是說孩子太任性，沒辦法。那麼孩子們便從電視和社交媒體學習，當然這不是我們想看見的。

相反，有些父母無時無刻的對孩子進行道德教育，問題是：這種填鴨式的方法他們會聽嗎？另一方面，過去幾年的育兒重點已經轉移到「以孩子為中心」上，但是這一來，現在的孩子結果變成自我中心，很少為自己的行為負責。

那麼，怎樣才是合適傳達價值觀方法呢？

首先，要知道每個人於價值觀的看法和選擇都不同，如上面提到，父母首先要瞭解自己的價值觀和輕重的選擇。

由三采文化出版的《20個影響孩子發展的價值觀》，它篩選了由八十位西班牙教育專家所提出的二十個影響孩子發展的價值觀，可以作為參考。其中包含了尊重、耐心、恆心、謹慎、禮貌、創造力、責任、秩序、真誠、信任、溝通、寬容、合作、同情、慷慨、友誼、自由、公平、和平、快樂。父母當思考自己擁有其中哪些價值觀、哪些比其他更重要呢？又希望孩子擁有哪些呢？回答了這些問題才算完成第一步。

舉個例子，就我而言，是真誠、寬容、同情（或作同理心），而同理心為其中最為重要。

同理心可以幫助孩子與別人交談時，瞭解到真正的溝通不是強迫別人接受您的想法，而是真心地去傾聽對方、代入別人的處境。又或不是在別人說話時，只是一味想著等下子要怎麼的駁斥對方。沒有同理心，孩子將來必定遇上人際關係上的問題，例如不能與上司和同事好好的相處和合作。沒同理心，恐怕便很難寬容別人，難以交上真心的朋友呢！

再舉個例子，在《20個影響孩子發展的價值觀》書中提到「慷慨」的價值觀，其實它是反映人們是對金錢的看法。孩子會通過觀察父母日常怎樣談及和運用金錢，漸漸建立一個「金錢價值觀」。看看以下故事：

一天，老師在白板上寫下「二十元能做什麼？」然後問學生有甚麼看法。

第一個學生回答說：「我爸爸說二十元錢還不夠給服務員的一次小費，我媽媽說二十元還不夠買一支口紅，我爺爺說二十元還不夠買一包上等的香煙，我嫲嫲說二十元還不夠打一回麻將，我說二十元還不夠我一天的零花錢呢！」

另一個學生回答說：「在我家呢，爸爸二十元可以給半月的手遊費吧，媽媽二十元可以買半隻烤鴨，爺爺二十元可以買一包香煙，嫲嫲二十元可以買一頓早點，對我來說，會把二十元買十個雪糕吃！」

後來另一個學生說：「我爸爸病了，再也掙不到二十元了，媽媽用二十元可以給我煮兩天的飯，爺爺二十元是幹半天農活的工錢，嫲嫲可能沒法子問她，因我未曾見過她有二十元呢，我說二十元可以買多些即食麵，能給我吃二十天飽呢！」

這例子當然是有些誇大，但您的孩子又會對二十元有什麼看法呢？他／她的看法又是否和您的想法一樣？如果不一樣，又為什麼呢？

所以，第二步父母要做的，是明白自己對價值觀的選擇。

哈里特・希思博士（Dr. Harriet Heath）在她的著作《用您的價值觀培養孩子成為您所崇拜的成年人》中，為家長們提供了非常有用的教導孩子價值觀的方法。

其中她指出，因為大多數父母擁有多重的價值觀，在孩子面前會表現出一些相互衝突的行為，會令孩子迷惑，甚至不知所措。舉個例子：當孩子收到重複禮物時，他們應該禮貌地說「謝謝」，還是告訴送禮者她已經有了這個禮物呢？是禮貌重要、還是誠實？

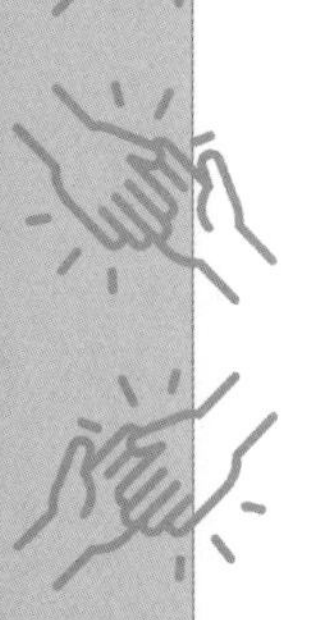

希思在她的書中提供了一些練習，使父母可以用來弄清他們的價值觀，和如何根據孩子的年齡和學習方式向孩子灌輸價值觀。

她還建議父母可以與孩子們進行角色扮演（role play），一同探討共同或不同的價值觀，及分辨出它們的相對重要性。例如，如果孩子問為什麼不可以和他的朋友在深夜出去慶祝、飲飲酒？父母可以問問他／她，如果這樣做，在最壞的情況下有可能發生什麼呢？如果發生了，他／她又可否承受其後果？又或者，問問如果他／她的孩子問同樣的問題，他們又會怎麼回答？如果他／她不允許的話，又是甚麼原因呢？當然，這些建議不一定見效。

但重要的是，在角色扮演中學會如何識別、分析和處理當價值觀發生衝突的情況，而不是一味的強加自己的價值觀於他們身上。須知道孩子可能會認為他們已經知道很多東西，並且夠聰明去作出正確的決定，而事實上，不察覺到他們的價值觀往往是受朋輩所影響的。

◆ **我們是生活在一個景觀的世界（We are living in a World of Spectacle）**

現在的社會利用「圖像和形象（images）」來宣傳和驅動消費，媒體用大量的廣告告訴我們「缺少」什麼，而不是我們「需要」什麼。不知不覺的，我們活在一個「景觀的世界」。

「景觀的世界」是由法國哲學家蓋伊・德波（Guy Debord）在他的《景觀社會》一書中提出的，他說：「當一個人越受形象的主導，就越不了解自己的生活和需要。」

個人的價值觀不再是他自己的：他們是某某代言人的，或其朋輩所說的。這就是為什麼我們的孩子們如此關心他們的 posts 有多少「喜歡（like）」，又如果被朋友「不喜歡（dislike）」時，他們會這麼難過。他們希望得到別人版本的價值觀，而不是我們自己的。孩子再不能活在自己的現實生活中，而是要依賴別人的認同才可以生活。

「景觀的世界」在這個社會的商品化推動下，剝奪了人們的個人價值。儘管商品化已經發生了一段時間，但很少家長深入思考它的嚴重性，是如何影響孩子的價值觀。或者說，知道卻沒有辦法去改變它。**孩子若然沒有批判性思維（Critical Thinking），便沒法審視被社會和別人強加的價值觀**，將無法建立一套屬於自己的正確價值觀，引導他們朝著正確的人生方向前進。

§ 父母包容的重要

最後，有一個這樣的故事：

「小時候，我曾在父親回家之前，偷看電視。那天，我聽到父親摩托車抵達，便立刻關電視及返回房間，假裝正在溫書，自以為天衣無縫，沒有人會發覺。誰知父親一進房就跟我說：『您看電視蠻久的嘛！電視還很熱。』當時我真的感到巨大的震撼，我第一次發現，別人是沒有您想像的那麼笨，謊言是總會有被戳破的一天。」

這故事未完的部份是：父親會怎樣做呢？是大罵孩子一頓，還是寬恕過錯呢？

如果父母希望孩子能夠真正建立自己的價值觀，必須容許犯錯，幫他們一起糾正。當孩子誠實的承認錯誤時，鼓勵他們找出問題的原因，用包容的語氣和態度，商量下次改善的方法。如果一知道孩子的錯誤就只是責罵，孩子之後就會害怕說實話，將來父母也就很難進入孩子真正的世界，導致更大的行為問題。

每個人都會犯錯誤，如果能把錯誤看成人生一個學習機會，並把這個價值觀灌輸給孩子，讓孩子不再背負失敗的包袱，不是更好麼？

當我們作為父母把知識、經驗和文化傳授給下一代時，小心變成了「一味的灌輸」，必須明白他們正受到世界流行的觀念、時尚和意識形態所影響，唯有通過和他們一同思考，才能令他們真正擁有「自己」的價值觀，使他們一世受用。

批判性思維（Critical Thinking）善於啟發，比如「為什麼」或是「如果……」，幫助孩子學習。切記，批判性思維不是「批評」，而是尋求理解和諒解。通過提問和角色扮演，將批判性思維帶入孩子價值觀的分辨、排序和建立。沒有經過批判思維的步驟，價值觀只不過是一些強加的東西：一些別人、不屬於自己的東西；一些暫時、不是對孩子終身有意義的東西罷了。

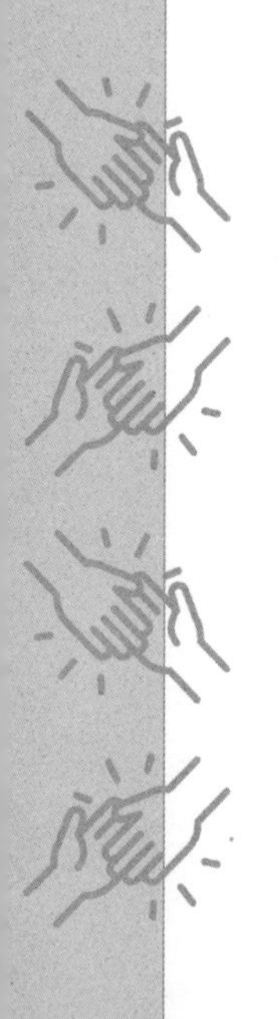

LESSON
第 6 課
LESSON

創意無限，時間有限——
孩子準備好迎接未來嗎？

「不要讓孩子受限於您的學識，因為他出生於不同的年代。」

——羅賓德拉納特・泰戈爾 (Rabindranath Tagore)

今天，人工智能（AI）真是無處不在：它出現在每日的電視、報紙、網絡新聞中，幾乎達到了「歇斯底里」的程度。關於AI會如何改變世界，如何取代人類的工作，甚至終有一天會滅絕人類，聳人聽聞的新聞似乎從不缺乏。而且這「恐懼機械人」現象受到一些高票房的科幻電影影響，如「終結者（*Terminator*）」、「21世紀殺人網（*Matrix*）」、「奇點（*Singularity*）」等等，這些電影傳播了人類未來的恐懼：在某一天，人類將成為AI機械人的「奴隸」，他們將成為我們的「主人」。

僅僅看一下媒體每天的新聞頭條，會發現我們已經活在AI滲透的社會中。在過去短短十多年，「AI」這個詞也深深嵌入世界各地的政府官員和政策制定者的腦海中。鐘擺正在兩個極端的信念之間搖擺：「AI將摧毀人類」還是「AI是我們未來的救世主」？

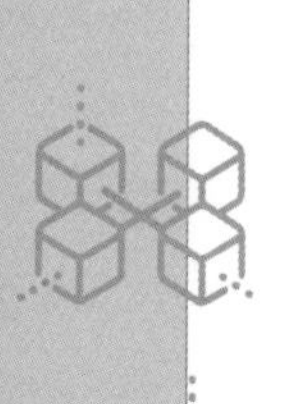

無論答案是什麼，我們已看到許多國家的政府承諾人工智能計劃，以便在技術展開競爭。例如英國政府已通過投資三億英鎊進行AI研究，以確定自己是該領域的領導者；法國總統伊曼紐爾・馬克龍（*Emmanuel Macron*）致力於將法國變成全球AI中心；中國政府正在增加其AI的實力，並計劃到二零三零年建立一個價值1,500億美元的中國AI產業。毫無疑問，AI將繼續在國家層面上發揮重要作用。

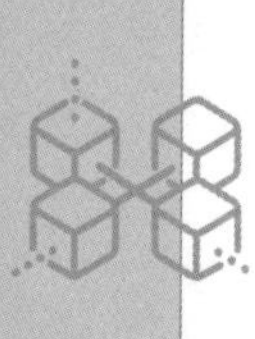

不可否認的是，AI已經開闢了大量的可能性，導致了一種心態的出現，這種心態可以描述為「AI為方案之神」（「AI Solutionism」）。這是一種哲學，它的意思是：只要給足夠的數

據，利用機器學習（Machine Learning），AI 便可以解決人類的「全部」問題。

但這可能不是全部事實。我們用 AI 技術中的「神經網絡」作為例子。「神經網絡」是機器學習的一種形式，其原理是模擬人腦的神經元結構，使電腦系統能夠學習和思考。許多 AI 的產品使用神經網絡，從數據中推斷出模式和規則。但是我們很多人不理解的是，簡單地添加一個神經網絡並不等於會自動得到一個問題的解決方案，這就像在一個民主國家系統中添加一個神經網絡，不會立即使它成為一個更包容、公平或個性化國家（儘管一些國家正考慮引入「AI 政治家」，以消除政治家常見的自身利益的政治偏見）。

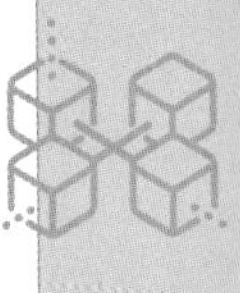
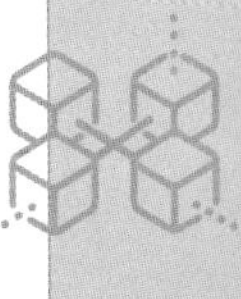
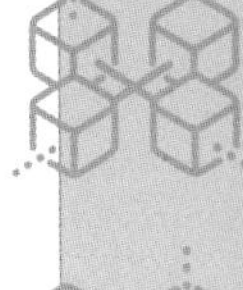
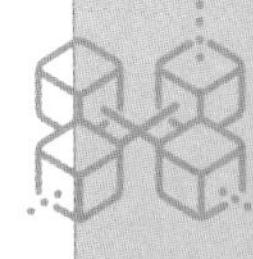

我們應該理解「人」相關的事情複雜得多，在某些領域超出了機器學習的能力，因為它無法預測和模擬所有人類的互動和反應，或者，它是如此複雜以至結果的準確性和確定性連 AI 也沒有保證。

因此，最可能的情況是 AI 將繼續快速發展，並將滲透到我們的工作和生活的各方面，但是以人為控制的方式。**換句話說，最可能的 AI 使用方式是協助人們做各樣的工作，並幫助人們過更好的生活**。

AI 相關的問題有太多的可能性，需要更多時間討論，但有一點可以肯定，這時刻需要決定的，就是裝備和提升孩子分析信息、解決問題的能力，以及那些難以被 AI 模擬或複製的能力。

那麼，我們還在等什麼？

◆ **總結：**

最後讓我們回顧一下「費以民（Freeman's）的思維能力表」，有系統地提升孩子的思考能力。

HOT 級別	HOT 名稱	相關思考力訓練
第 4 級	分析 (Analyze)	信息合成力 (Information Synthesizing Skill) ＋批判性思維 (Critical Thinking)
第 5 級	評估 (Evaluate)	邏輯思維 (Logical Thinking) ＋系統思維 (System Thinking)
第 6 級	創造 (Create)	創造性思維 (Creative Thinking) + 問題解決和決策能力 (Problem-solving & Decision-making Skill)

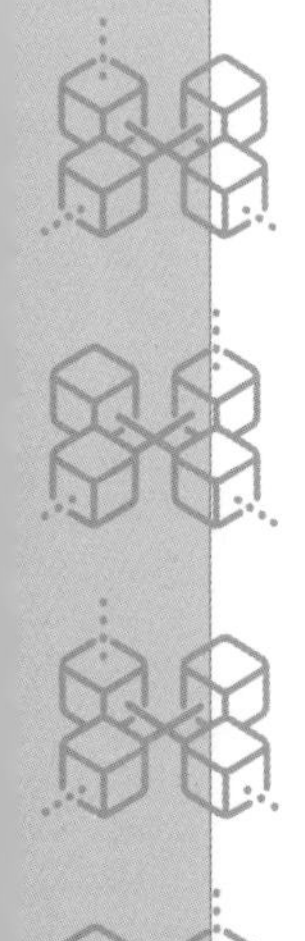

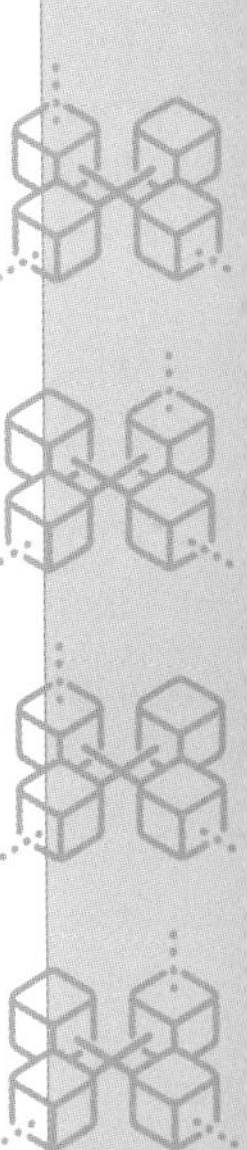

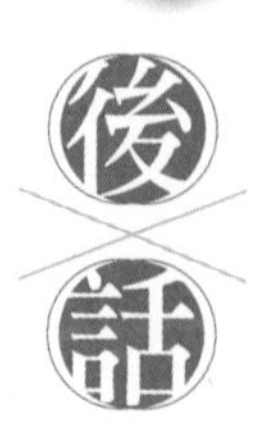

後話

我不知道您們是否有看過一部名為《她》（*her*）的電影，它是關於西奧多（Theodore）與一個名叫薩曼莎（Samantha）的操作系統（Operating System，配備了 AI）之間的關係，電影中第一個引起西奧多注意的，是當他看到電視廣告提高出的一個問題：「您是誰？」（Who are you?），事實上，它是我們面對一個未來 AI 世界需要問的同樣問題：也就是說，我們的身份是什麼？

這部電影描繪 AI 未來的能力，與今天不同，未來的 AI 有能力承擔複雜的任務，例如，在電影中她重新組織西奧多的收件箱，並幫助他回覆一些非常複雜的電子郵件，不需要給任何特別的指令。更重要的是，薩曼莎能夠「感受」西奧多的情感並表現出她的同理心，就像人類所做的那樣。

情感將是 AI 未來重要的發展方向，AI 將越來越像人類，越來越有能力扮演人類的角色。終有一天，AI 朋友、AI 妻子和丈夫等等的出現，我們將不會感到驚訝。今天，我們很難確定 AI 將來會如何發展，及有多大的潛力，但可以肯定的是，AI

將為我們的社會帶來巨大的變化。假裝這些事情不會發生，或需要很長時間發生，是「將您的頭埋在沙子下面」，無濟於事。

早一陣子，一個稱為《底特律：變人（*Detroit: Become Human*），又譯作《底特律：成為人類》的視頻遊戲引起了很多關注。故事是關於仿生人卡菈（Kara），為了探尋自己的意識而逃出僱主，給人形機械康納（Connor）追捕，馬庫斯（Markus）致力解救被奴役的另一個仿生人。您在《底特律：成為人類》遊戲中看到的是機械人如何被他們周圍的人拒絕和不良對待，原因是機械人革命導致人類大規模失業，人們憎恨機械人！

畢竟，節省勞力的機器已經開始影響我們工作生活的幾乎所有方面。就像我們在超市看到的，越多的自助結賬服務在取代收銀員，而製造業都用自動化機器和機械人取代人類，失業造成機械人和人類之間的不平等，如果機械人有自我意識（Self-consciousness），受到不良對待，他們可能會反擊！

未來主義者和著名的AI書籍作者馬丁福特（Martin Ford）認為《底特律：成為人類》中描述的事件是可能發生的。「是的，如果有一天機器人可以達到人類智能和意識，那麼是可能的。」他說：

「如果機器有意識，它知道什麼是痛苦，奴役它或以其他方式虐待它將是非常有問題的。」

在這些日子裡，當我越多思考我們未來的世界將會是怎樣時，越相信AI的真正威脅不是在「勞動工人」（Labour Workers），而是「知識工作者」（Knowledge Workers）。

這並不是因為AI和機器人不能替代勞動工人，是因為「它不值得」。當市場上有大量廉價勞工時，為什麼還要全面使用機器人？未來將是一個勞動力供應過剩的世界，「便宜」的人類和其靈活手腳還有價值，但是知識工作者不同，它們是昂貴的，是替換的主要目標，需要十個知識工作者的工作將來只需要一個，大多數「用腦」的工作將由AI完成，人類知識工作者的角色可能只是作最終決定者，或是作AI之間的協調。

當然，程序員（Programmer）這類工作的需求將會很大，但許多現存的工作將被取代或大幅減少，知識工作者將受到最大的影響。那些仍然希望將來世界做個「白領」的人，必須為這些變化做好準備，提高思維能力可能是我們孩子的唯一出路。

我們的孩子可以
比 AI 更聰明嗎？

作者 **費以民博士**
編輯 **Nancy Yung**
封面設計 **4res**
內文設計 **VN Chan**
插畫 **Cat**

出版 **紅出版（青森文化）**
地址 香港灣仔道 133 號卓凌中心 11 樓
出版計劃查詢電話 (852) 2540 7517
電郵 editor@red-publish.com
網址 http://www.red-publish.com
香港總經銷 **聯合新零售（香港）有限公司**

出版日期 2022 年 7 月
圖書分類 親子教養／學習力啟發
ISBN 978-988-8822-05-8

定價 港幣九十元正／新台幣三百六十圓正